자동차진동소음공학

한상욱, 이용우 ▪ 共著

자동차진동소음공학

2020년 2월 1일 초판 1쇄 인쇄
2020년 2월 5일 초판 1쇄 발행

저　　자 | 한상욱, 이용우 共著

발 행 처 | 도서출판 에듀컨텐츠휴피아
발 행 인 | 李 相 烈
등록번호 | 제2017-000042호 (2002년 1월 9일 신고등록)
주　　소 | 서울 광진구 자양로 28길 98
전　　화 | (02) 443-6366
팩　　스 | (02) 443-6376
e-mail　 | iknowledge@naver.com
web　　 | http://cafe.naver.com/eduhuepia
만든사람들 | 기획・김수아 / 책임편집・이진훈 황혜영 이강빈 길은지 김정연
　　　　　　 디자인・유충현 / 영업・이순우
I S B N | 978-89-6356-270-4 (13550)
정　　가 | 15,000원

ⓒ 2020, 한상욱, 이용우, 에듀컨텐츠휴피아

* 이 도서의 국립중앙도서관 출판예정도서목록(CIP)은 서지정보
유통지원시스템 홈페이지(http://seoji.nl.go.kr)와 국가자료종합목록
구축시스템(http://kolis-net.nl.go.kr)에서 이용하실 수 있습니다.
(CIP제어번호 : CIP2019050737)

* 이 도서는 저작권법에 따라 보호받는 저작물이므로 무단전재
와 무단복제를 금지하며, 이 책 내용의 전부 또는 일부를 이용하
려면 반드시 저작권자 및 에듀컨텐츠휴피아 출판사의 서면 동의
를 받아야 합니다.

머리말 *Preface*

우리나라에 자동차가 소개된 지 120여년 만에 우리나라는 자동차 생산대수가 세계 10위권 이내에 드는 자동차 생산대국으로 자리매김하고 있다. 양적인 팽창뿐만 아니라 세계적으로 명성이 있고 높은 품질의 자동차와 차세대 에너지를 이용한 전기자동차를 개발하기 위한 연구개발도 활발하게 진행되고 있다. 진정한 자동차산업의 최고 선진국이 되려면 연구개발, 제조생산, 자동차 판매 및 사후 관리 등을 포함한 모든 분야에서 걸쳐 최고 수준에 올라가야 사실은 명확하다. 제조생산 분야에만 앞서있고 연구개발과 사후관리에 해당하는 기술 수준이 답보 상태에 있다면 자동차산업의 발전은 요원할 것이다.

자동차의 진동과 소음 성능은, 자동차의 구조강도 및 안전성능, 조종안정성능, 내구성능, 공기조화성능 등과 함께 자동차의 주요 성능 중의 하나이다. 이러한 관점에서 본 책자는 자동차를 공부하는 학생들과 자동차에 관심이 있는 일반인들에게 자동차의 진동과 소음에 관한 지식을 체계적이고 능동적으로 배울 수 있도록 몇 가지 사항에 중점을 두고 집필하였다.

독자 여러분은 저자들의 의도를 충분히 이해하여 지속적인 학습으로 자동차의 진동과 소음현상을 제대로 이해하고 폭넓은 이해와 안목을 가지게 됨으로서 대한민국 자동차 산업에 이바지하는 훌륭한 전문 기술인으로 자리 잡기를 기대해본다.

끝으로 본 책이 좀 더 충실한 지침서가 될 수 있도록 수정과 보완을 약속드리며 잘못 제시된 부분을 관심을 갖고 지적해주시기를 부탁드린다. 아울러 본 책이 나오기까지 애써주신 출판사여러분과 관심을 가져온 가족들에게 심심한 감사를 드리며, 독자 여러분의 정진과 건투를 기원하는 바이다.

따스한 봄 햇살을 기다리며..
저자 일동

목 차 Contents

머리말

1장 진동과 소음의 기초	**3**
1.1 진동의 기초	3
1.2. 음향학의 기초	10
1.3 자동차 진동소음의 개요 (NVH Process)	17
2장 자동차 진동소음의 계측 및 해석	**25**
2.1 진동소음 계측의 개요	25
2.2 진동소음의 측정 및 분석	25
2.3 진동소음의 요인 분석	33
2.4 진동소음의 해석 기술	39
2.4 진동소음에 대한 신기술	44
3장 파워트레인 진동과 소음	**47**
3.1 엔진과 엔진 부품의 진동소음	47
3.2 파워 트레인 소음	57
3.3 기어 소음	58
3.4 엔진소음의 특성	64
3.5 흡기계 소음	73

4장 자동차 진동과 소음　　　　　　　　　　　　103

4.1 자동차 진동소음의 개요　　　　　　　　　103
4.2 아이들 진동　　　　　　　　　　　　　　104
4.3 주행소음　　　　　　　　　　　　　　　　109
4.4 노면 소음　　　　　　　　　　　　　　　　119
4.5 Wind Noise　　　　　　　　　　　　　　122
4.6 외부 소음　　　　　　　　　　　　　　　　125

5장 자동차 소음/진동 해석　　　　　　　　　　129

5.1 CAE 및 해석 개요　　　　　　　　　　　　129
5.2 유한 요소 모델링 개요　　　　　　　　　　131
5.3 차체 해석　　　　　　　　　　　　　　　　138
5.4 섀시 시스템 해석　　　　　　　　　　　　146
5.5 파워트레인 해석　　　　　　　　　　　　　154

에듀컨텐츠·휴피아
CH Educontents Huepia

자동차진동소음공학

한상욱, 이용우 ▪ 共著

에듀컨텐츠·휴피아
CH Educontents·Huepia

1장 진동과 소음의 기초

1.1 진동의 기초

가. 1자유도계 (SDOF)

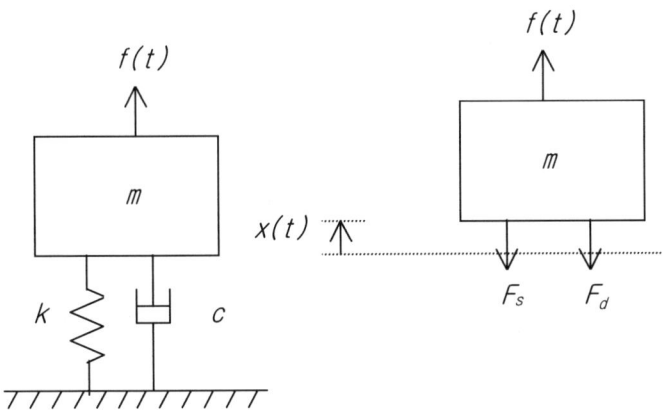

그림 <1-1> Free Body Diagran of SDOF Model

질량 m 에 외부 가진력 $f(t)$가 작용할 때의 1 자유도게에 운동방정식은 다음과 같다.

$$m\ddot{x}(t) + c\dot{x}(t) + k\,x(t) = f(t) \qquad (1.1)$$

1) 1자유도계의 자유진동

가) 비감쇠 자유진동 : $c = 0$

모든 계는 어느 정도의 감쇠를 갖고 있다. 그러나 철재 구조물이거나, 단순 진자운동의 경우, 감쇠는 무시할 정도로 작아 비감쇠로 처리되기도 한다. 따라서 식 (1.1) 에 $c = 0$ 을 적용하여 계산하면,

$$x(t) = X\cos(\omega_n t - \phi) = X\cos\omega_n(t - \frac{\phi}{\omega_n}) \qquad (1.2)$$

$$\omega_n = \sqrt{\frac{k}{m}} \qquad (1.3)$$

진동수 f_n 은

$$f_n = \frac{1}{\tau_n} = \frac{\omega_n}{2\pi} = \frac{1}{2\pi}\sqrt{\frac{k}{m}} \quad \text{(Hz)} \qquad (1.4)$$

나) 감쇠 자유진동

감쇠비(Damping ratio, ζ)를

$$\zeta = \frac{c}{2m\omega_n} = \frac{c}{2\sqrt{mk}} \qquad (1.5)$$

라고 정의하면, 감쇠비가 1이 될 때 즉, $c = 2\sqrt{mk} = c_c$ 가 될 때를 임계 감쇠라 한다. 이 임계감쇠를 기준으로 임계 감쇠보다 작은 경우를 부족감쇠($0 < \zeta < 1$), 임계감쇠보다 큰 경우를 과도감쇠($\zeta > 1$)라 한다.

(1) 부족감쇠 ; $0 < \zeta < 1$ ⇒ $0 < c < 2\sqrt{mk}$

(2) 임계감쇠 ; $\zeta = 1$ ⇒ $c = 2\sqrt{mk}$

(3) 과도감쇠 ; $\zeta > 1$ ⇒ $c > 2\sqrt{mk}$

그림 <1-2>은 감쇠 크기가 응답에 미치는 영향을 나타내는데, 초기 응답은 감쇠가 작을 때가 더 크지만, 임계감쇠에 가까울수록 운동의 소멸은 빨라진다.

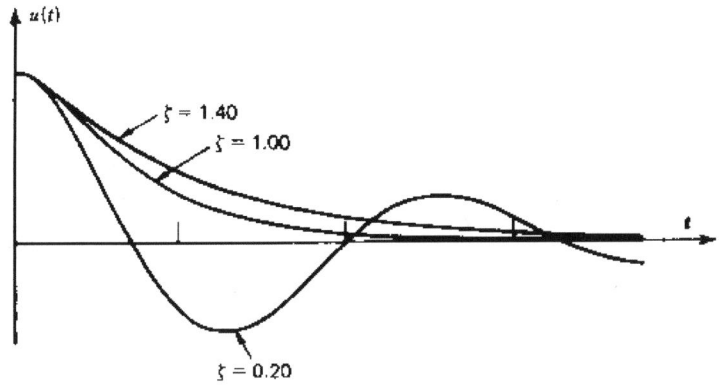

그림 <1-2> Response of a viscous-damped SDOF system

2) 1 자유도계의 강제 진동

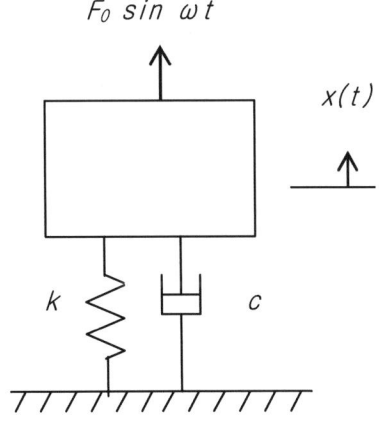

그림 <1-3> SDOF under harı

그림 <1-3>과 같이 $F_o \sin\omega t$ 의 조화력에 의해 가진되는 1 자유도 점성감쇠계에서의 운동방정식은 식 (1.1)에 $f(t)=F_o \sin\omega t$ 을 대입하면

$$m\ddot{x}(t) + c\dot{x}(t) + kx(t) = F_o \sin\omega t \tag{1.6}$$

식 (1.6) 에서 자유진동 성분은 시간이 지남에 따라 소멸하므로 변위 $x(t)$ 는 조화 가진력에 의해서만 영향을 받는다.

$$x(t) = X\sin(\omega t - \phi) \tag{1.7}$$

가진주파수 ω 와 고유진동수 ω_n 의 비 $\dfrac{\omega}{\omega_n}$ 를 주파수비 r, 정적변형량을 $X_o = \dfrac{F_o}{k}$ 라 하면,

$$\frac{X}{X_o} = \frac{1}{\sqrt{(1-r^2)^2 + (2\varsigma r)^2}} = \kappa \tag{1.8}$$

$$\phi = \tan^{-1}\frac{2\varsigma r}{1-r^2} \tag{1.9}$$

식 (1.8)의 좌변의 분모(X_o)는 정적 하중에서의 변위를 나타내므로 κ는 정적 변위(X_o)에 대한 동적 변위(X)의 비율을 나타내며 동적 증폭비(dynamic magnification factor)라고 한다.

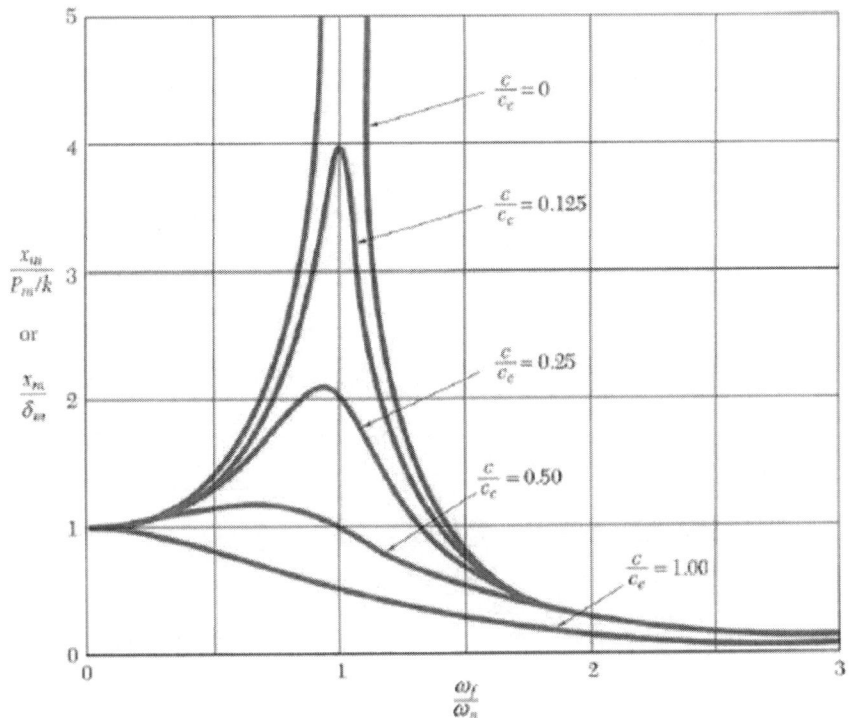

그림 <1-4> Magnification factor vs. frequency ratio

식 (1.8)를 그래프로 나타내면 그림 <1-4>와 같은데 진폭과 위상차의 조합을 계의 주파수 응답(frequency response)라 한다.

(1) 주파수비 $r \ll 1$ ($\omega \ll \omega_n$)인 경우 ⇒ 증폭비 $\kappa \to 1$

동적 증폭비가 1에 수렴하여 정적 상태에 준한다.

(2) 주파수비 $r \approx 1$ ($\omega \approx \omega_n$)인 경우 ⇒ 증폭비 $\kappa \to \dfrac{1}{2\varsigma r}$

가진력과 공진주파수 사이에 공진이 발생하여 증폭비는 커지게 되며 감쇠비에 따라 최대 진폭이 발생하는 정점(Peak) 주파수가 달라지며 동적 증폭비(κ)도 달라지게 된다.

(3) 주파수비 $r \gg 1$ ($\omega \gg \omega_n$)인 경우 ⇒ 증폭비 $\kappa \to \dfrac{1}{2\varsigma r}$

동적 증폭비가 0에 수렴하여 최대 진폭이 0에 가까워진다.

나. 다자유도계 (MDOF, Multi-Degree Of Freedom System)

1) 다자유도계의 자유진동

 다자유도계란 계의 운동을 묘사하기 위해 2개 혹은 그 이상의 좌표가 필요한 계를 말한다. 연속체는 무한개의 고유 진동수, N 자유도계는 N 개의 고유 진동수를 갖고 있으며, 각각의 고유 진동수에 대해서 그에 대응하는 진동의 고유 모드가 있는데 이것을 정규 모드(Normal Mode)라고 한다. 그림 <1-5>는 대표적인 단순지지보에 대한 고유 모드 형상을 나타낸다.

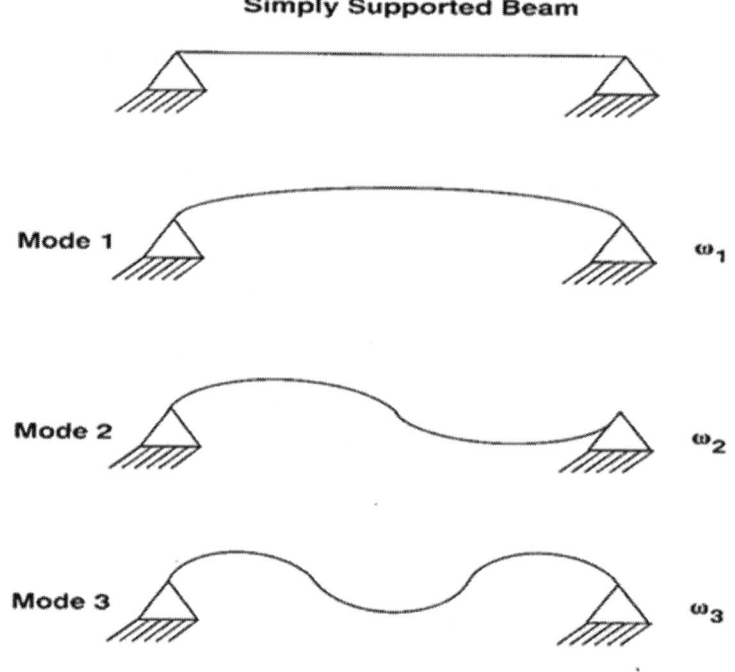

그림 <1-5> Mode Shapes for a simply supported beam

2) 다자유도계의 강제 진동

다자유도계에서는, 계에 따라 1 자유도 보다 많은 공진주파수를 가지므로 응답이 커지는 주파수도 많아진다. 그림 <1-6>은 다자유도계의 주파수 응답 곡선을 보여준다.

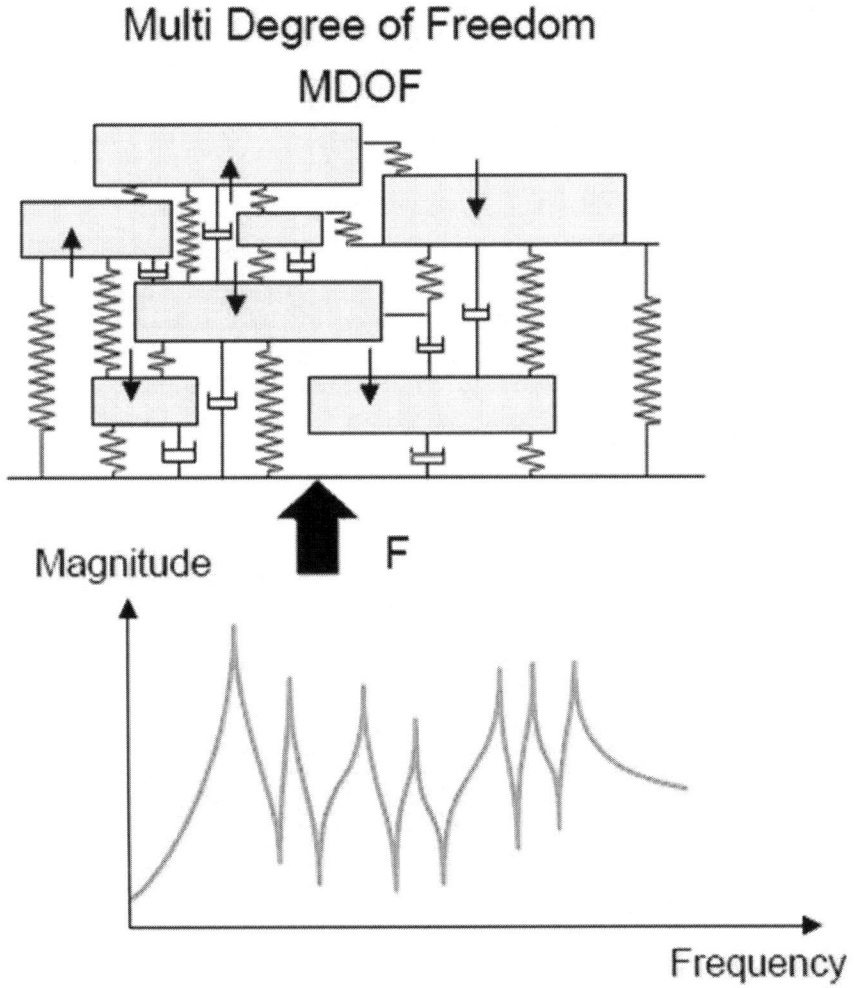

그림 <1-6> Frequency response of a MDOF system

1.2 음향학(Acoustics)의 기초

가. 소리의 전파

소리에 대한 학문을 음향학(Acoustics)이라 한다. 소리란 사람의 귀가 감지할 수 있는 압력의 변화인데 이러한 압력 변동은 음원으로부터 매체를 통해 청취자의 귀까지 전달된다. 그 속도는 표 2.1 과 같이 전달 매체 및 전달 매체의 조건에 따라 다르다. 15℃에서의 공기에서 속도는 343 m/s 이다.

Table 1.1 Wave Velocity

Dry Air - 0℃	332 m/s
Dry Air - 15℃	343 m/s
Water - 8℃	1500 m/s
Sea Water	1540 m/s

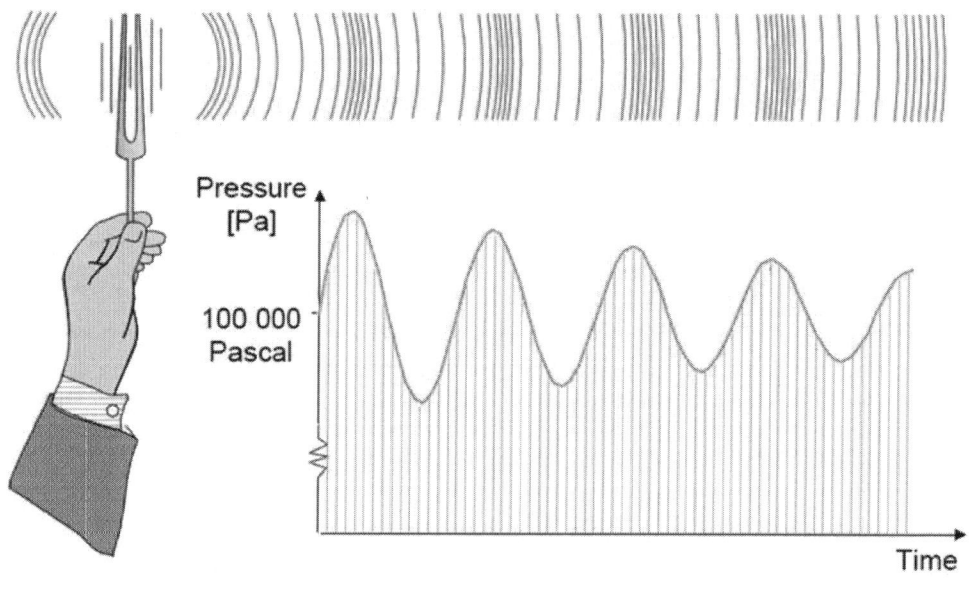

그림 <1-7> Wave Propogation

나. 소리의 주파수

　매초당 압력 변동수를 소리의 주파수라 부르는데 음의 높낮이는 이 주파수에 의해 결정된다. 보통 건강한 사람이 들을 수 있는 가청주파수 범위는 약 20 Hz부터 20 kHz 에 달한다. 20 kHz 이상의 고주파수 음은 듣지 못한다.

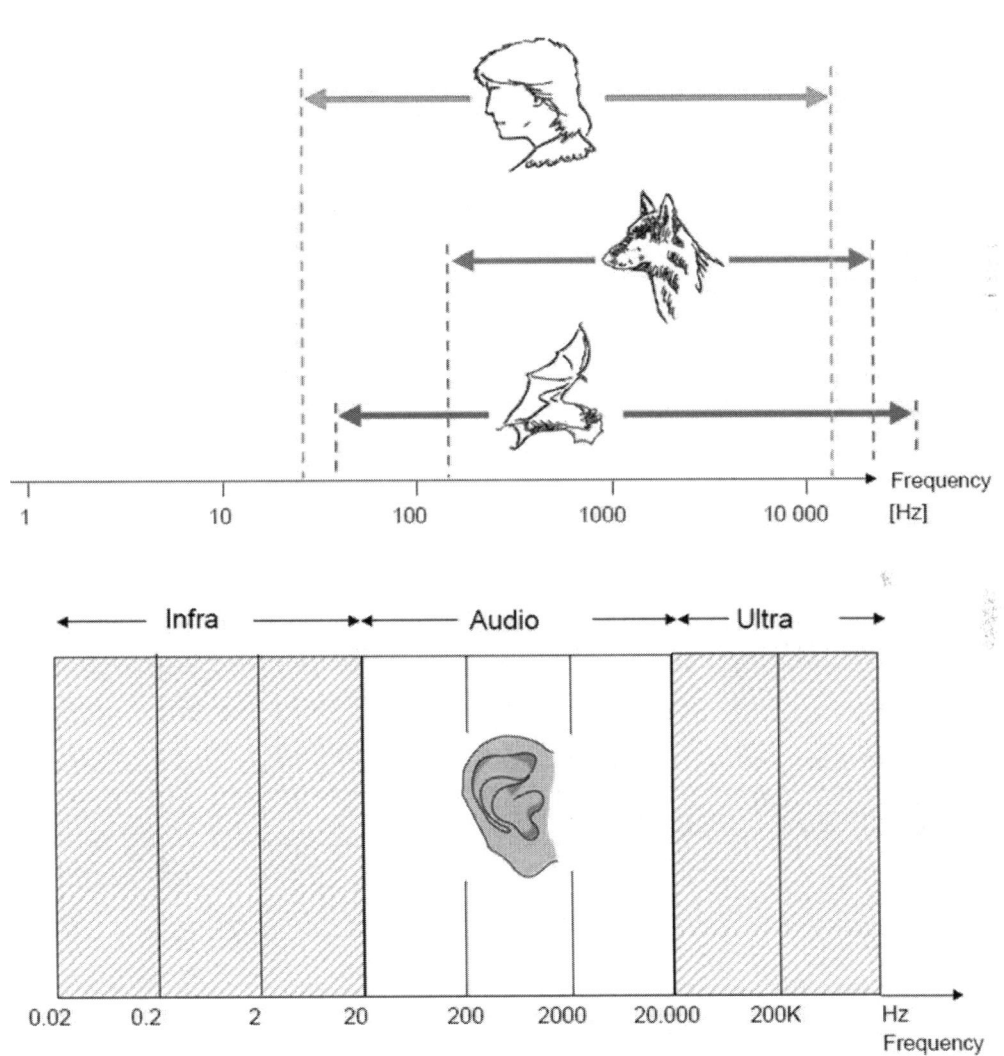

그림 <1-8> Audible Frequency Range

음속을 c, 주파수를 f, 파장을 λ 라 하면

$$\lambda = \frac{c}{f} \tag{1.10}$$

고주파음은 짧은 파장을 갖고, 저주파음은 긴 파장을 갖는다.

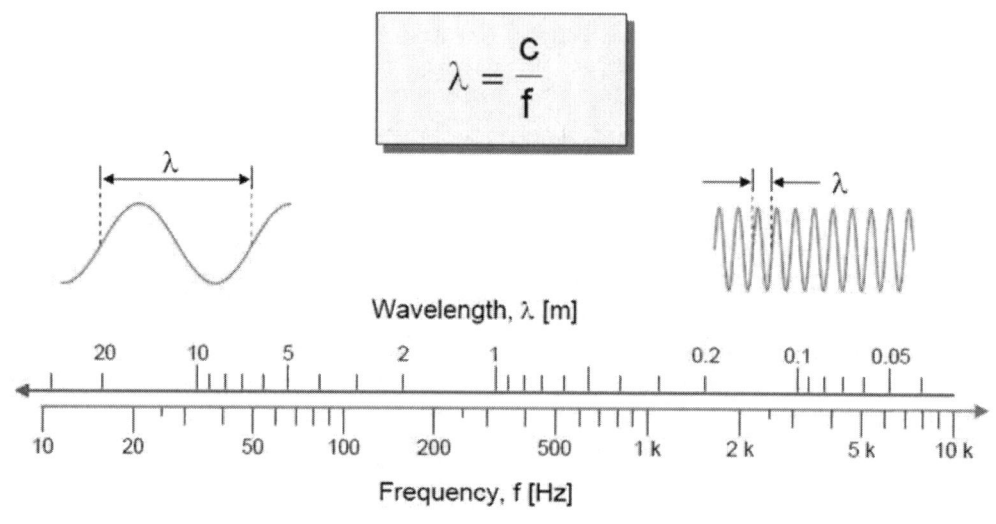

그림 <1-9> Wave Length vs Frequency

다. 소리의 크기

소리의 크기는 압력 변동의 진폭 또는 크기로 나타낸다. 건강한 사람이 들을 수 있는 가장 작은 소리는 20×10^{-6} 파스칼($20\mu Pa$)의 진폭을 갖는 소리이다. 소리 측정에는 다음과 같이 정의된 음압 레벨(SPL: Sound Pressure Level)이 사용되며 데시벨(dB) 단위를 사용하는데 가청 음압의 최저치인 $20\mu Pa$ 을 기준으로 하여 대수 단위를 사용한다.

$$SPL = 10 \log_{10} \left(\frac{P_{avg}^{2}}{P_{ref}^{2}} \right) \tag{1.11}$$

P_{avg} : Measured sound pressure
P_{ref} : Reference pressure ($= 20 \times 10^{-6} Pa$)

같은 크기의 2개의 음원이 있을 경우,

$10\log\left(\dfrac{P_{avg}^{\ 2}+P_{avg}^{\ 2}}{P_{ref}^{\ 2}}\right)\approx 10\log\left(\dfrac{P_{avg}^{\ 2}}{P_{ref}^{\ 2}}\right)+3$ 가 되어 약 3dB의 증가가 있

게 된다. 그림 <1-10>과 Table 1.2은 음압 레벨의 보기를 보여 주고 있다.

Table 1.2 음압 레벨(SPL)의 보기

Description	SPL (dB)
Threshold of hearing	0
Library	40
Conversation	60
Typical factory	80
Symphony orchestra	100
Aircraft takeoff	120
Threshold of pain	140

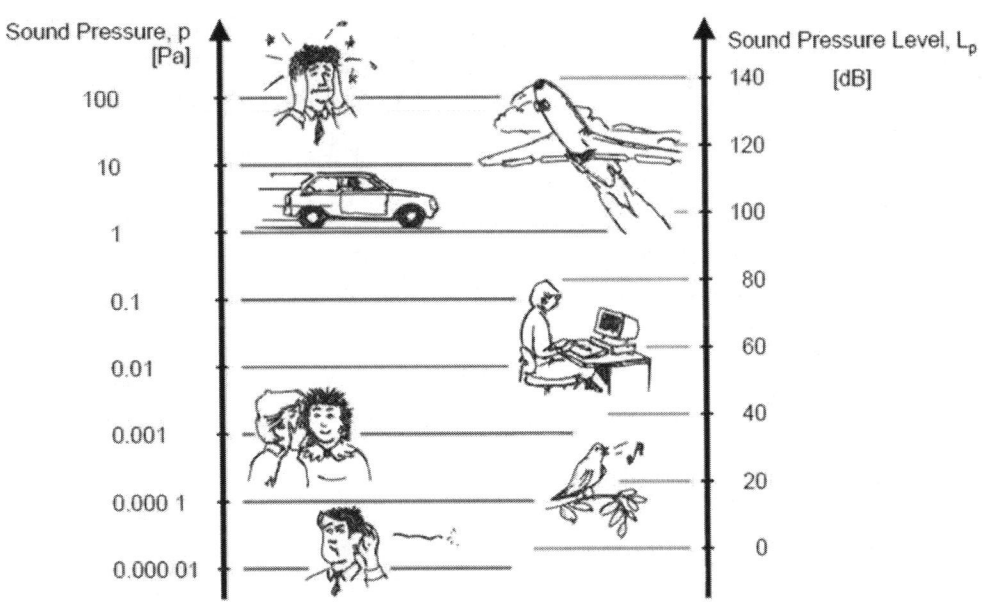

그림 <1-10> 음압과 음압레벨의 관계

사람의 귀는 2 ㎑~5 ㎑ 범위에서 가장 민감하고, 그보다 더 높거나 낮은 주파수에서는 감도가 떨어진다. 심리음향학적 시험을 통하여 그림 <1-11>과 같은 등청감 곡선(Equal Loudness Countours)가 개발되었다.

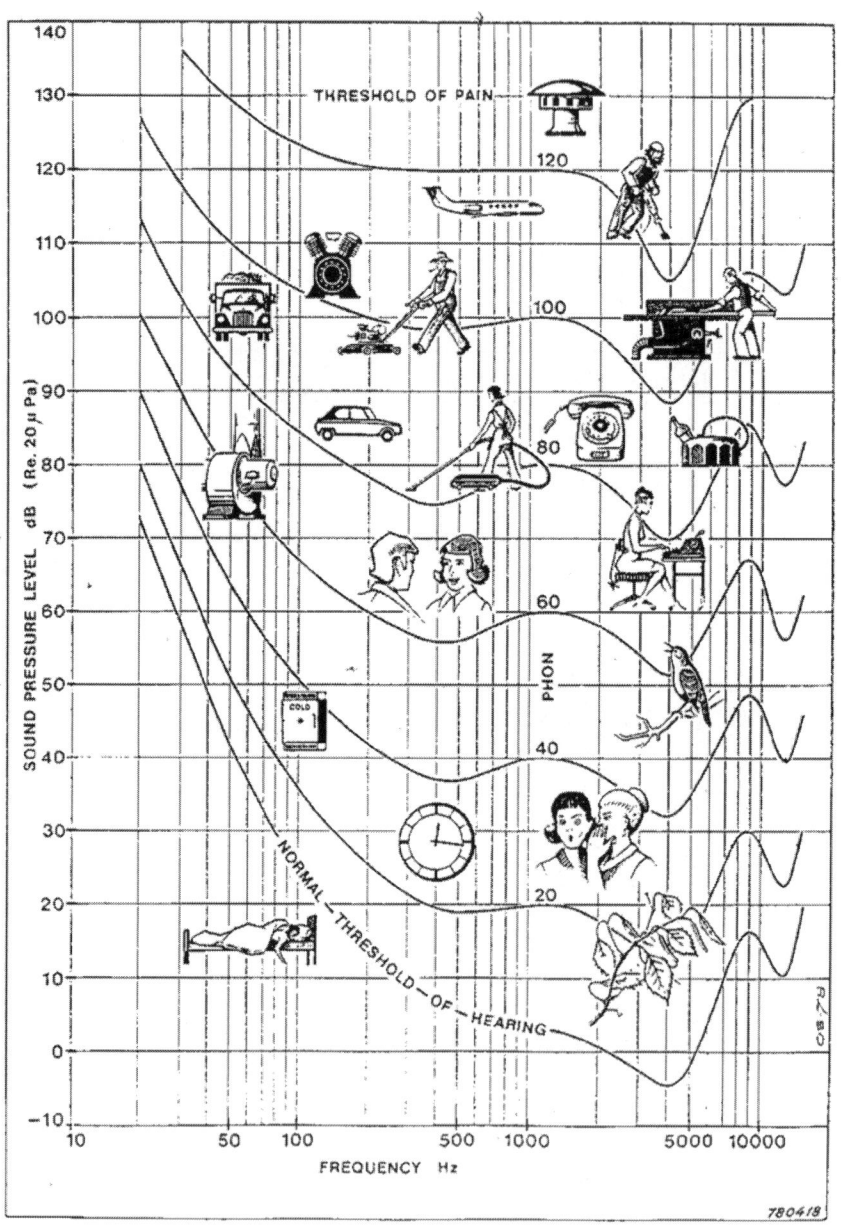

그림 <1-11> 등청감 곡선(Equal Loudness Countours)

라. 소리의 파형과 주파수

단일 주파수음을 순음(Pure Tone)이라 하는데, 대부분의 소리는 주파수와 진폭이 서로 다른 여러가지 음색으로 구성되어 있다. 소음이 가청 범위 전체에 거쳐 고르게 분포된 주파수를 갖는 것을 백색 소음(White Noise)이라 부른다.

소리 신호는 시간의 함수로써 파형으로 표시되거나 소위 주파수 스펙트럼, 또는 스펙트로그램이라 불리우는 주파수 축 상에서 주파수 구성 요소로 표현되어질 수 있다.

그림 <1-12>는 서로 다른 주파수와 진폭을 가진 두 개의 순수한 음색의 표현 방법과 그들의 합을 나타낸 것이다. 합은 두개의 순음으로 구성되어 있다는 것을 주파수 스펙트럼에서 매우 선명하게 볼 수 있다.

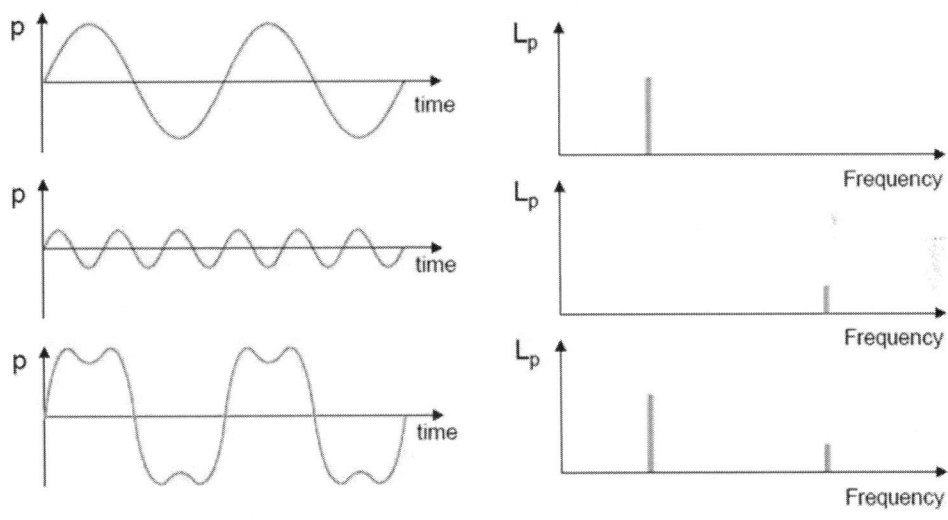

그림 <1-12> 순음과 노이즈 신호들

마. 대역폭과 옥타브 필터

소리의 구성을 알기 위해서 각각 개별 주파수에서의 소리 레벨을 아는 것이 필요하다. 이렇게 하기 위해서 소리 신호는 단지 하나의 주파수 또는 좁은 주파수 대역만을 통과시키는 필터로 보내진다. 분석된 신호의 진폭은 그 때의 특정 주파수에서 소리 레벨의 측정치이다.

음향학에서는 통상적으로 1 옥타브 또는 1/3 옥타브 필터라 불리는 대역폭 필터를 사용한다. 1 옥타브란 최고 주파수가 최저 주파수의 2 배가 되는 대역을 말한다. 음악에서 한 옥타브라는 것도 높은 음의 주파수가 낮은 음 주파수의 2 배가 되는 범위를 말한다.

Table 1.3 옥타브 밴드 (Octave Band)

Center Frequency	1/3 Octave band	Octave band
:	:	:
400	355 – 447	
500	447 – 562	355 – 708
630	562 – 708	
800	708 – 891	
1K	891 – 1.12K	708 – 1.41K
1.25K	1.12K – 1.41K	
1.6K	1.41K – 1.78K	
2K	1.78K – 2.24K	1.41K – 2.82K
2.5K	2.24K – 2.82K	
3.15K	2.82K – 3.55K	
4K	3.55K – 4.47K	2.82K – 5.62K
5K	4.47K – 5.62K	
:	:	:

가청 주파수의 범위는 10 개의 옥타브 대역으로 나뉘어져 있고, 그들의 중심 주파수는 한 옥타브씩 떨어져 있다. 다시 말하면 한 옥타브 대역의 중심 주파수는 한 옥타브 낮은 대역 중심 주파수의 2 배이다. 각 옥타브 대역은 3 개의 1/3 옥타브 대역으로 나뉘어져 있다.

중심 주파수를 f_0라 하면 1 옥타브는 $2^{-1/2} \cdot f_0 \sim 2^{1/2} \cdot f_0$의 범위를

갖고, 1/3 옥타브는 $2^{-1/6} \cdot f_0 \sim 2^{1/6} \cdot f_0$ 의 범위를 가져야겠지만 통상적으로 Table 2.3과 같이 국제적으로 표준화된 표를 사용한다.

1.3 자동차 진동소음의 개요 (NVH Process)

가. 주관적 평가 (Subjective Rating)

Table 1.4 SAE 10-point rating system

1	2	3	4	5	6	7	8	9	10
Unacceptable				Border		Acceptable			
Condition noted by									
All Observers		Most Observers		Some Observers		Critical Observers		Trained Observers		Not Observed
1	2	3	4	5	6	7	8	9	10

고급차에서 주관적 평가 5 점에 해당되는 객관적 수준이 저급차의 주관적 평가 6 점에 해당되는 경우가 있다. 고급차에서는 같은 수준의 주관적 평점에서도 더 높은 수준의 성능이 기대되기 때문이다.

NVH 란 고객에게는 감각의 문제이지만 자동차 회사의 공학기술자들에게는 객관적 측정치의 문제이다.

나. 객관적 특성 (Objective Response)

주로 관심의 대상이 되는 진동 특성은 시트 세이크(Seat Shake), 플로워 진동(Toe pan Vibration), 조향계 진동(Steering column shake) 등 촉각을 통해 느껴지는 진동이며 소음은 운전자와 승객의 귀 위치에서의 음압 수준이 기준이 된다.

소음은 공기 전파음(Air-borne noise)와 구조기인 소음 (Structure-borne noise)로 나눌 수 있다. 차량에서 주로 현가계 부시(Suspension bushing)와 파워트레인 마운트(Powertrain mounts)를 통해서 차체구조로 전달되는 진동 에너지에 의해 발생되는 소음을 구조기인 소음(그림 <1-13> 참조)이라고 하고, 파워트레인, 타이어, 배기계의 표면에서 공기 중으로 방사되는 에너지에 의해 발생되는 소음을 공기 전파음이라 한다.

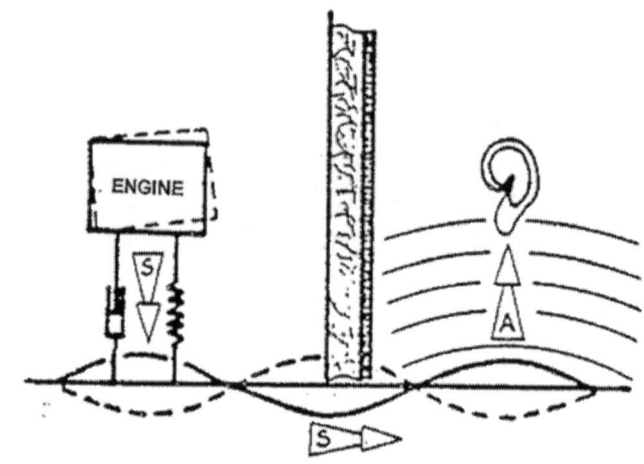

그림 <1-13> 구조기인 소음 전달경로

이상의 NVH 현상에 대해서 주파수별로 분류하면, 도표<1-5>에 나타내었다. 그러나 이것은 일반적 분류여서 예외는 항상 있으며 자동차 회사별로 다른 기준을 가질 수도 있다.

Table 1.5 Typical NVH Issues and Frequencies

Frequency (Hz)	5	25	50	300	500
NVH Issue	Ride	Shake	Structure borne Noise		Air borne Noise

다. Subsystem 목표

차량 상태(Vehicle Level)에서 요구되는 목표(Response)가 설정이 되면 그에 대한 필요 조건으로서 가진원(Source)과 전달 경로(Path)가 되는 Subsystem에 대한 성능 목표가 설정될 수 있다.

Isolation

NVH 성능을 위한 차량 설계란 것은 노면, 타이어, 파워트레인에 의한 가진에 의해 발생되는 진동과 소음을 최소화 하는 것이다. 가진력의 주파수와 System 의 공진주파수간의 분리를 추구하는 절연 설계(Design for Isolation)에 의해 차체에 입력되는 가진력의 크기를 효과적으로 저감할 수 있다.

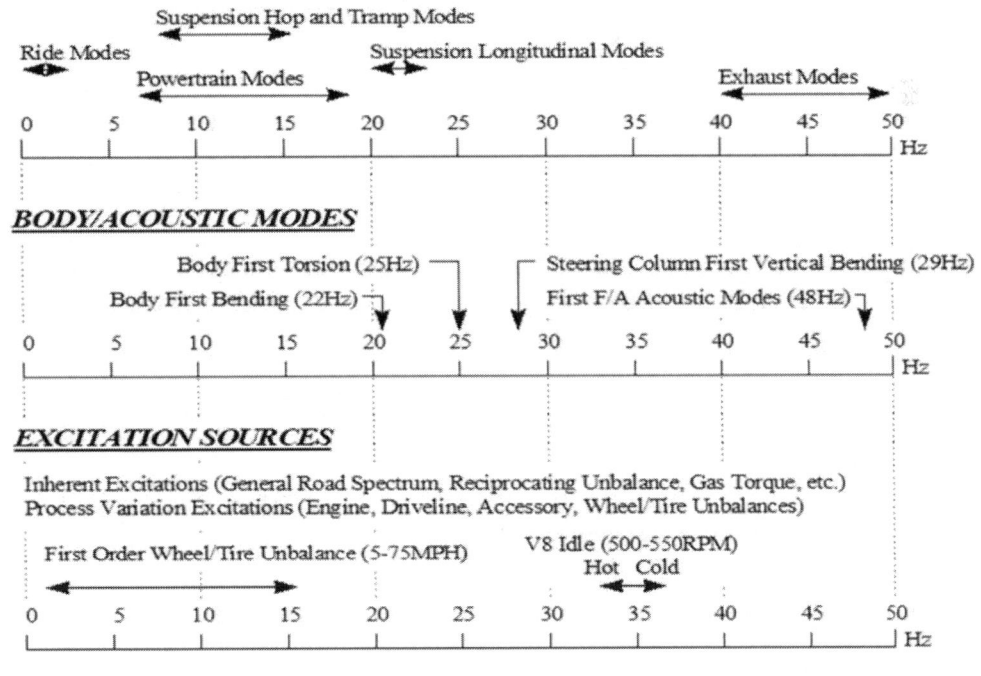

그림 <1-14> 주파수 분리표

그림 <1-14>의 주파수 분리표(Frequency Separation Chart)는 현가계 모드(Suspension Mode), 파워트레인 모드(Powertrain Mode), 차체 모드(Body Mode), 가진력 간의 주파수가 어떻게 배치되어 있는가를 도시함으로써 절연 설계를 위한 Subsystem 목표 설정 및 확인에 유용한 도구가 된다.

Body Stiffness

진동과 소음을 최소화 하기 위해서, Handling 성능을 최대화하기 위해서, 잡소리(Sqeaks and rattles)를 최소하 하기 위해서, 그리고 전반적인 강성감(Put-together feeling, Integrity feeling)을 좋게 하기 위해 차체는 전반적 강성(Overall stiffness)이 높아야 한다. 전반적인 강성 관리 항목은 Trimmed Body(그림 <1-15> 참조) 상태에서의 굽힘과 비틀림 진동 모드, BIW 상태에서의 굽힘과 비틀림 진동 모드, 정하중 상태에서의 굽힘과 비틀림 강성이다.

그리고 현가계 고무 부시(bush)와 파워트레인 마운트에 의한 절연과 감쇠를 충분히 이용하기 위해서 마운팅부에서도 충분한 강성을 가져야 한다. 고무 부시(bush) 강성에 비해 차체의 상대적 강성이 높을수록 차체 구조에 비해 감쇠가 큰 고무 부시(bush)로 전달되는 변형에너지가 많아져 충분한 절연과 감쇠 효과를 얻을 수 있기 때문이다. 또 마운팅부의 차체 강성이 높으면 고무 부시(bush)에서의 유연성을 허용하더라도 전체계의 강성이 확보될 수 있으므로 고무 부시(bush) Tuning의 자유도가 증가하게 된다.

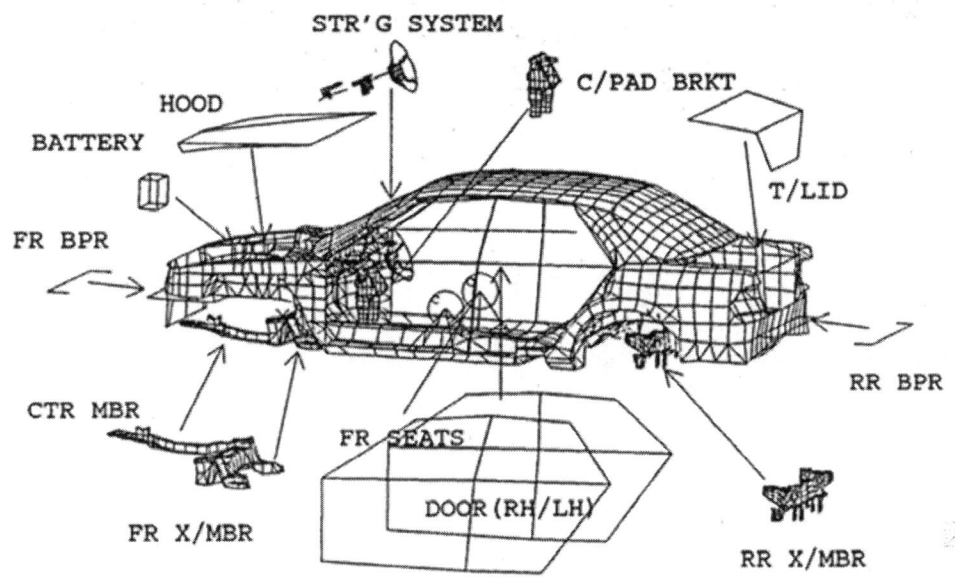

그림 <1-15> Trimmed Body 모델

이에 대한 평가는 고무 부시(bush) 이후 차체의 부위에 대해 단위 가진력에 대한 속도(V/F), 혹은 가속도(A/F) 측면에서 관리한다. 국부강성에 대한 목표도 다른 목표처럼 완벽한 NVH 성능이 보장되는 수치는 존재하지 않으며 더구나 회사마다 관리 항목(V/F or A/F), 주파수 영역, 시험 방법에 차이가 있다.

음향 감도(Acoustic Sensitivity)

Suspension 고무 부시(bush)와 파워트레인 마운트를 통해 전달되는 하중에 의해 발생하는 소음 현상은 매우 복잡하다. 운전 상태에 따라서 가진력이 달라지며, 개발 과정에서 Tuning 의 대상인 Suspension 고무 부시(bush)나 파워트레인 마운트의 특성에 따라서 차체로 전달되는 전달력이 달라진다. 더구나 각 경로를 통해 차체로 전달된 전달력 간의 복잡한 상호 작용에 의해 운전자 귀에서 소음이 느껴진다. 이와 같이 다양한 조건 아래에서도 안정된 특성을 갖기 위해서는 Trimmed Body 상태의 각 전달 경로마다 단위 전달력에 의해 발생하는 소음이 낮아야 한다. 이것을 위해 마운팅 위치에서의 단위 가진력에(F) 대한 운전자 귀에서의 음압(P), 즉 P/F 의 형태로 관리한다.

$$P=\sum_i P_i = \sum_i F_i \cdot (\frac{p}{F})_i \qquad (1.12)$$

Subsystem 의 목표 성능이 정해지면 다시 Subsystem 을 구성하는 부품(Component)의 목표 성능도 정해질 수 있다. 그러나 Subsystem, Component 의 목표 성능이 만족되었다고 해서 자동적으로 완성차의 성능 목표가 달성되지는 않는다. 또 일부 Subsystem 이나 Component 가 목표 성능을 만족하지 못하여 전체 차량 성능에 영향을 미칠 것이 예상된다면 다른 Subsystem 이나 Component 의 목표를 조정하여 보완되어야 할 것이다. 결국 Subsystem 및 Component 의 목표는 반드시 전체 차량 성능의 차원(Vehicle Level)에서 검토되어야 한다.

그림 <1-15>에 NVH 목표 설정하는 과정에 대한 설명이 있다. 이와 같이 전체 차량의 목표를 설정하고 그에 대한 필요조건으로서 Subsystem 과 Component 의 목표를 설정하는 과정을 Cascading Down 혹은 Roll Down 이라고 한다. 그리고 이와 같은 과정이 효율적으로 진행되기 위해서는 완성차 상태의 NVH 성능을 예측할 수 있는 CAE 기술과 그에 근거한 프로세스(Process)의 정립이 필수적이다

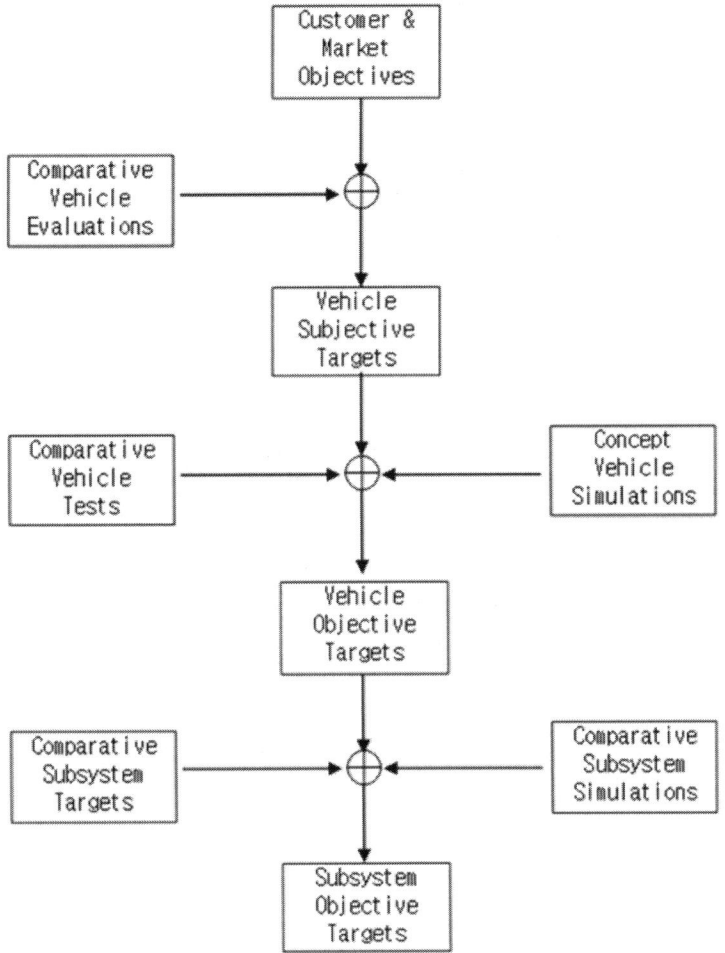

그림 <1-15> NVH 목표 설정 과정

2장 진동소음의 계측및 해석

2.1 진동소음 계측의 개요

 진동과 소음 문제는 차량의 상품성을 결정하는 가장 중요한 요소로 부각되었고, 자동차 회사의 생존 전략으로 필요한 개발 기간 단축이라는 부분과 맞물리면서 필요한 데이터를 빠르면서 올바르게 처리 및 분석하는 기술이 필요하다. 특히 진동소음 분야는 하나의 해를 찾기 위하여 많은 양의 데이터를 정밀하게 측정할 필요가 있으며, 이러한 데이터를 빠르게 처리해 주는 하드웨어가 필요하다. 이러한 양면성을 충족시키기 위하여 새로운 알고리즘이 탑재된 고속의 계측기들이 개발되고, 또한 고감도의 센서들이 새로이 신제품으로 시장에 출시되면서 필요한 수요를 충족시키고 있는 실정이다.

 따라서 본 교재에서는 차량을 개발하면서 필요한 기본 계측기 및 센서에 대한 설명과 이를 처리하는 방법까지를 계략적으로 설명하고 이해를 돕고자 한다. 또한 차량 개발시 사용하는 요인분석 기술에 대한 소개와 더불어 해석 기술에 대하여 설명을 하고, 향후 진동소음 문제를 적당한 시기에 해결하고 체계적으로 차량 개발을 위해서 나아갈 방향에 대하여 설명하고자 한다.

2.2 진동소음의 측정 및 분석

 진동과 소음 레벨을 정량적으로 분석하고 표현하기 위하여 사용되는 기본적인 계측기 및 센서에 대하여 설명하고 실제로 분석된 데이터를 보여주고자 한다.

1) NVH 관련 기본 계측기

   가) Sound Level Meter

Sound Level Meter 는 소음을 측정하는 기본 계측기로서 기본적인 처리 방법은 다음 그림과 같다.

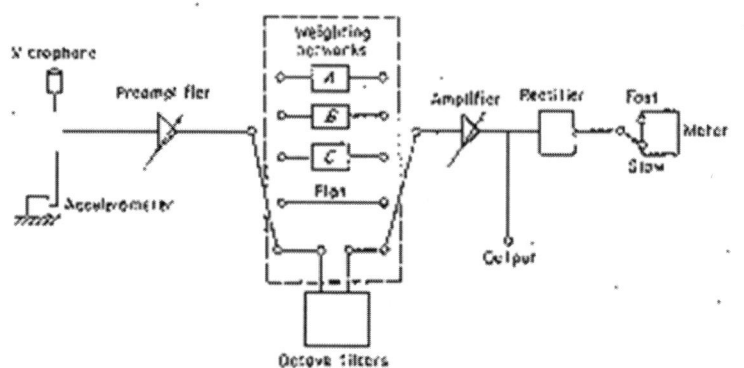

그림<2-1> Sound Level Meter 의 블록 다이어그램

그림<2-1>의 블록 다이어그램에서 귀로 느끼는 소음을 정량적인 신호로 바꾸어 주는 역할을 하는 것이 마이크로폰이며 종류별로 Condenser Type, Electric Type, Piezoelectric Type, Dynamic Type 등으로 나누어 지나, 다이어프레임의 진동을 전하량으로 변환시켜 소음 신호를 처리하는 Condenser Type 이 가장 많이 사용되고 있다. 마이크로폰의 특성은 주파수 대역과 주파수 특성으로 나눌 수 있으며 사용 목적에 따라 선택이 되야 한다.

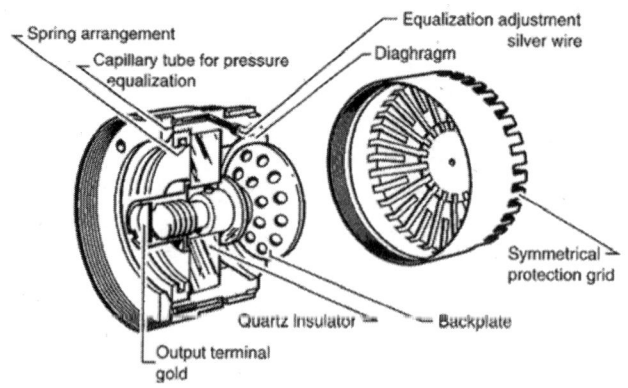

그림 <2-2> 마이크로폰 구조

특히 배기 토출음과 흡기 소음과 같은 고주파수 소음을 측정하기 위해서는 충분한 주파수 대역의 확보가 필수적이다. 그림 <2-2>는 Condenser Type 마이크로폰의 구조를 보여준다.

나) 가속도계

구조물의 진동을 정량적으로 측정하기 위해서는 진동량을 전기량으로 변환시켜 주는 트렌스듀서가 필요한데 이것을 가속도계라고 한다. 또한 진동량은 측정기에서 미적분이 가능하며 이것에 따라서 변위, 속도, 가속도의 값을 알 수 있다. 가속도계의 구조는 그림 <2-3>과 같으며 내부의 Seismic Mass 의 진동에 의해서 전기신호가 발생하며 이 것을 진동신호로 변환시켜 주는 것이다.

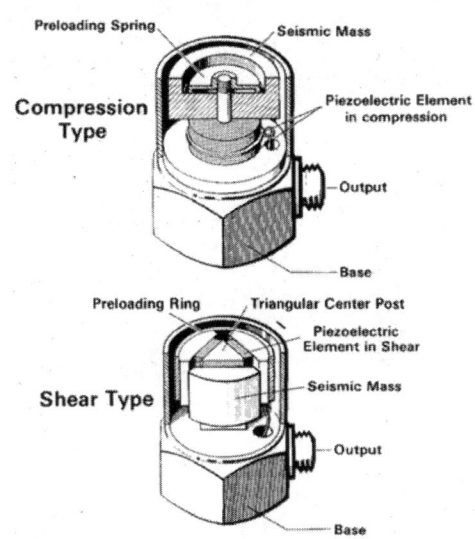

그림 <2-3> 가속도계 구조

다) 기록 장치

현장에서 실험한 시간 영역 데이터를 보관하고 Lab.에서 분석하기 위해서는 기록장치가 필요하며 보통은 Video Tape 과 DAT 를 많이 사용한다. 기록장치 또한 주파수 대역을 반드시 고려하여 설정하여야 하며 주파수 특성을 미리 알고 측정 범위를 설정하여야 한다. 그림 <2-4>는 DAT Recorder 를 보여주고 있으며, 사용 채널 수와 설정된 주파수 특성에 따라서 주파수대역이 변하는 성질을 가지고 있다.

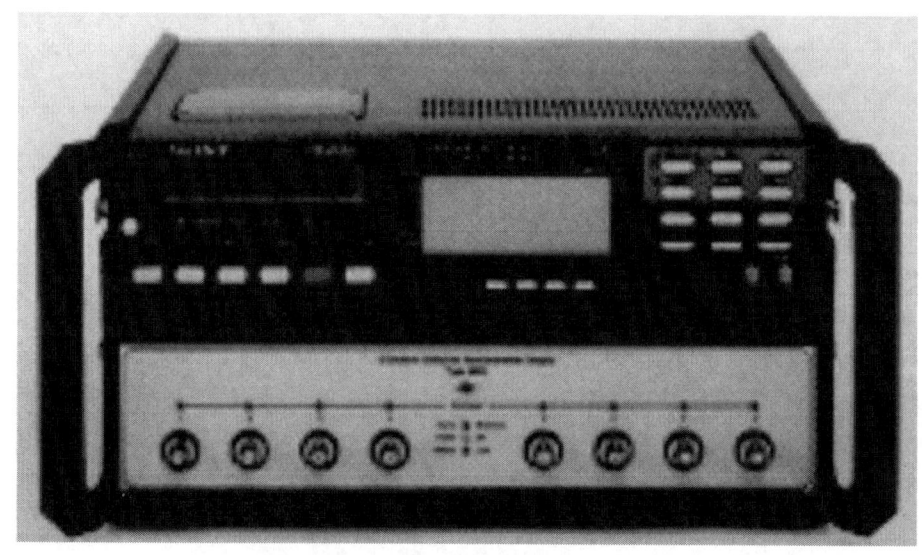

그림 <2-4> DAT Recorder

그림 <2-5> 분석장치

라) 분석장치

　　시간 영역의 데이터를 주파수 영역으로 변환시키는 기능을 가지며 추가적인 기능으로 차수분석이 가능하다. 즉 승객이 느끼는 소음 레벨을 정량적으로 나타낼 수 있는 기능이며 원하는 차수를 추적하여 소음의 분포도를 보여준주게 된다.

　　그림 <2-5>는 주파수분석에서 차수 분석등 실제로 소음진동 Data 를 가시화 시켜 보여주는 분석장치이며, 경우에 따라서는 차량에서 실시간 차수 분석기를 이용하여 분석하기도 한다.(그림 <2-6> 참조)

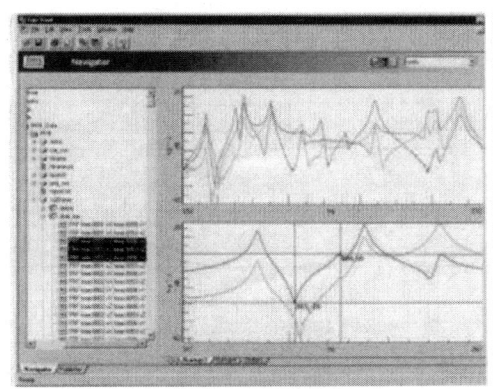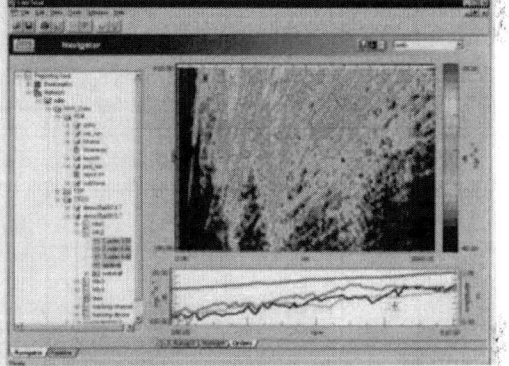

그림 <2-6> 차수 분석 결과와 주파수 응답함수

2) Data 분석 방법

가) 주파수 분석

　　시간영역에서의 소음진동 신호를 주파수 영역으로 변환시키기 위하여 Fourier 변환을 하여 분석을 한다. 이러한 기능만을 빠르게 계산할 수 있게 만들어 놓은 FFT Analyzer 등을 이용하여 주파수 분석을 한다. 그림 <2-7>는 일정 주파수 신호에 대한 주파수 분석 결과이다.

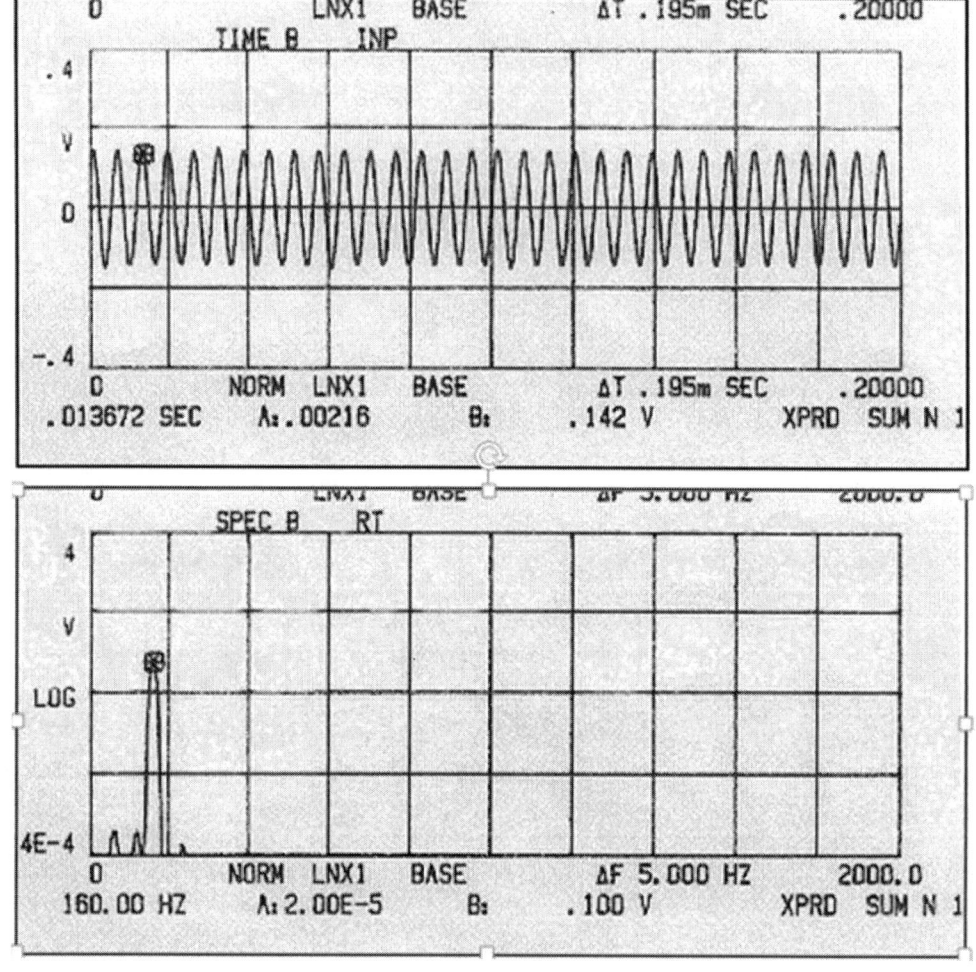

그림 <2-7> 신호와 주파수 분석 결과

나) Octave 분석

　많은 Filter 를 병렬로 연결하여 동시에 통과시킴으로써 Real Time 에서의 처리가 가능하다. 각 Filter 의 주파수 대역폭과 중심 주파수의 비를 일정하게 한 것이 Octave 분석기이다. Octave 분석은 엔진소음, Road Noise, Wind Noise 등과 같이 광대역 주파수 성분을 갖는 현상에 대해서 주파수마다의 에너지 분포를 파악하고 싶은 경우에 적합하다.

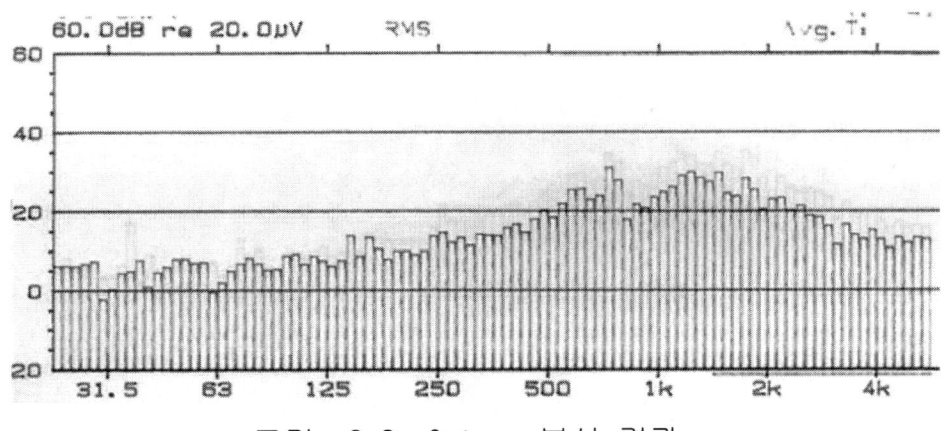

그림 <2-8> Octave 분석 결과

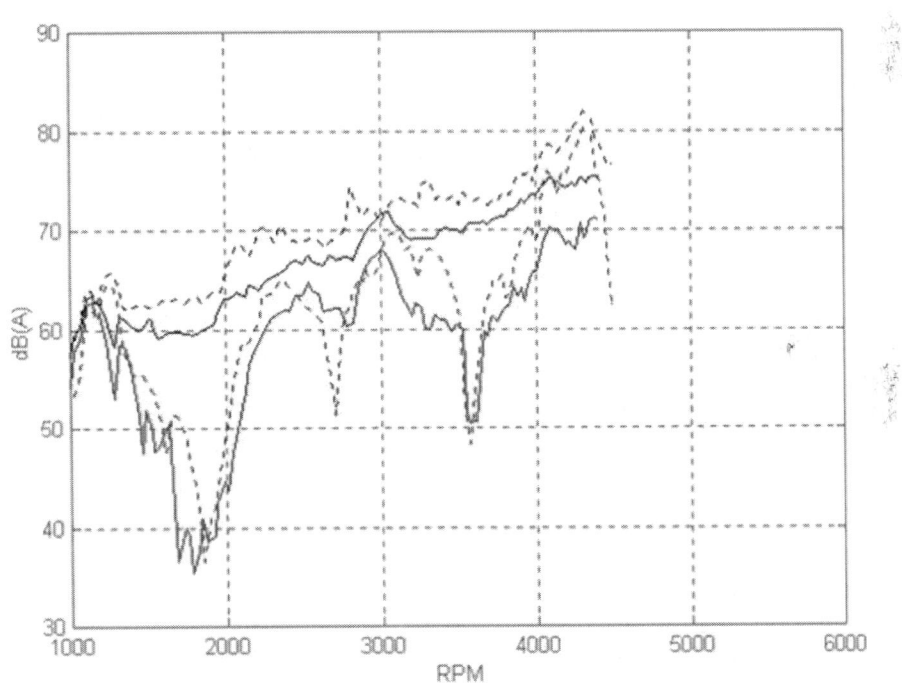

그림 <2-9> 실내소음 차수분석 결과

다) Tracking 분석

주파수대역폭이 일정한 Filter 의 중심주파수를 변화 시켜서 전주파수대역을 해석하는 것으로써; 일반주파수분석뿐 만이 아니라 회전속도에 대한 차수성분의 크기를 측정하는 회전속도 Tracking 분석이나 회전 차수비분석이 가능하다. Tracking 분석은 통상 Booming Noise, Gear Noise 등과 같이 엔진이나 구동계의 회전수와 같이 변화하는 현상을 보는 경우에 적합하다.

라) 주파수 응답 함수

Tracking Data 에서 공진되는 부위가 선정이 되면 그 부위에 대한 주파수 특성을 조사한다. 이것은 임의의 아는 힘을 구조물에 가진 한 후 이 때 나오는 진동량을 측정하여 얻어 지는데 주파수 응답 함수(Frequency Response Function)라고 부른다. 구조물에 가하는 힘은 Impact Hammer 혹은 Vibration Exciter 가 사용된다. 다음 그림에서 보여 주는 것은 Impact Hammer 로 엔진 마운트의 브라켓을 가진하면서 얻은 FRF 데이터를 보여준다. 공진되는 점과 실내 Booming Noise를 유발시키는 RPM과 일치함을 알 수 있다.

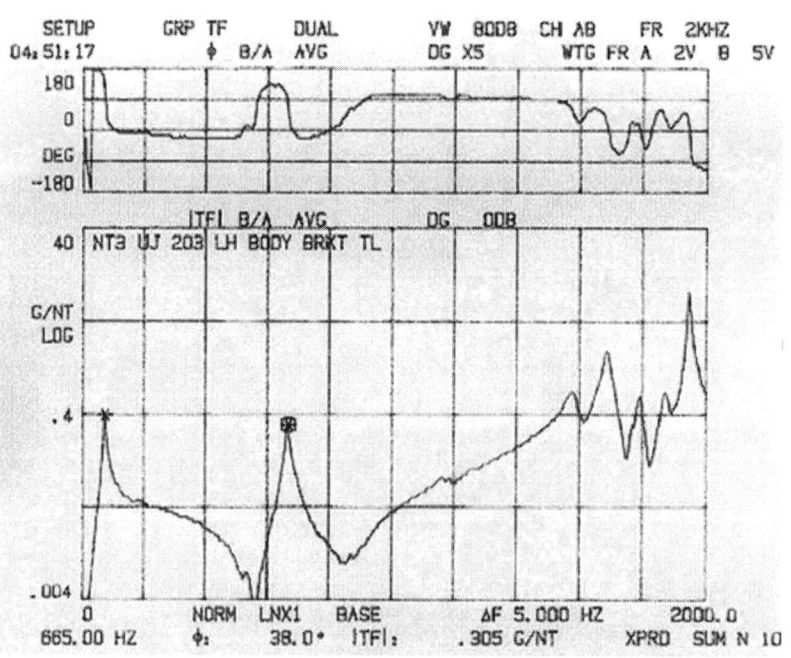

그림 <2-10> 엔진 마운트 브라켓

2.3 진동소음의 요인분석

차량의 주행시 및 Idle 시에 발생하는 실내외 소음진동 문제를 해결하기 위해서 NVH 담당자들은 많은 노력을 기울이고 있으며, 많은 수의 NVH 항목이 제안되고 실제로 차량에 적용되고 있다. 이러한 NVH 제안 항목들을 얻는데 까지는 많은 시간과 노력이 필요한데, 현재 사용하는 일반적인 시험 기법들과 고급 시험 기법에 대하여 설명하고자 한다.

1) Modal Analysis

구조물의 모드 형상을 알기 위하여 필요한 시험기술로써 차량 개발시 선행적인 시험으로 분류가 된다.

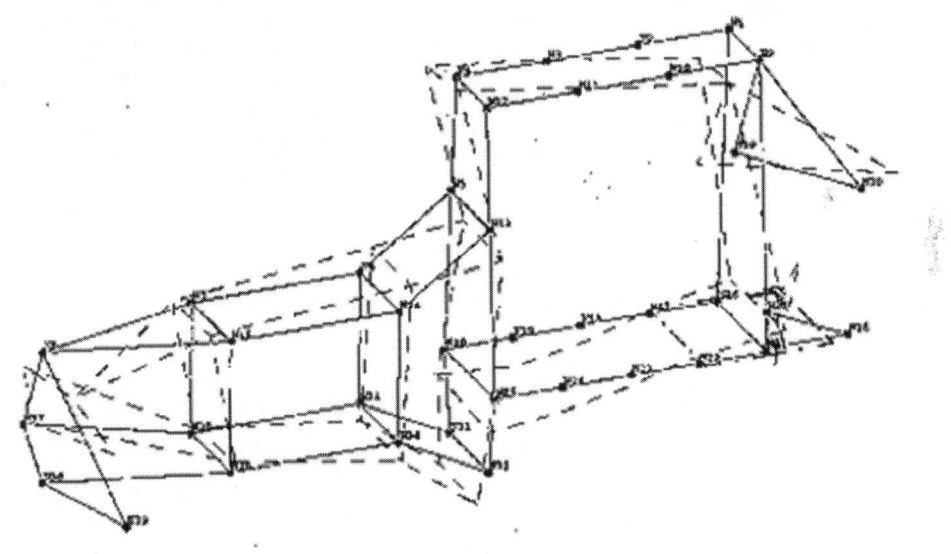

그림 <2-11> P/T 에 대한 Modal Test 결과 :

특히 P/T 계 마운트의 적합성 검증 및 BIW 의 주파수 특성을 알기 위한 시험인데, 위에서 설명한 주파수 응답 함수를 Curve-fitting 하여 Mode Shape 을 얻을 수 있으며 실내소음의 원인을 가시적으로 보여준다. 이러한 진동이 차량실내의 공기 입자를 가진시키고 음파를 형성해 승객의 귀에 전달이 된다. 그림 <2-11>은 P/T 계의 Modal 시험 결과를 보여주고 있으며, 그림 <2-12>는 P/T 계의 Modal 시험 세팅을 보여주고 있다.

그림 <2-12> Modal Test Set-up

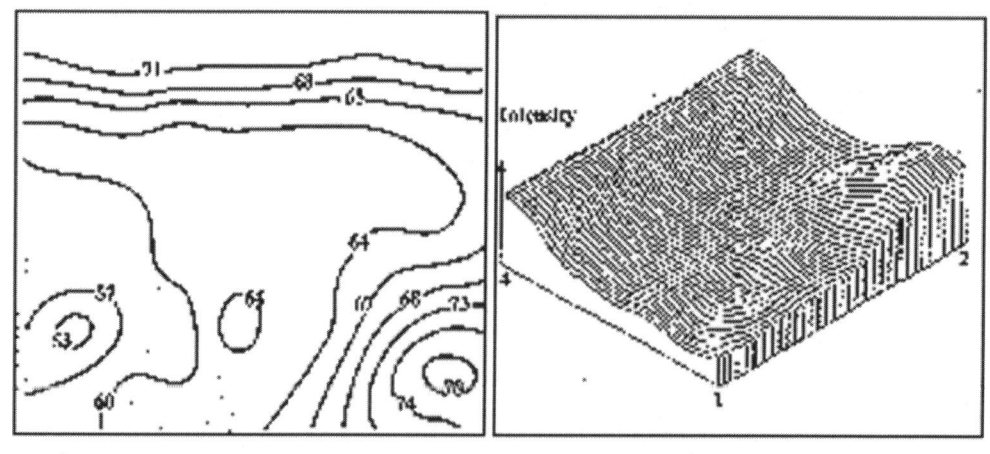

그림 <2-13> 음향 Intensity 곡선

2) 음향 Intensity

　　차실내 표면의 정량적이고 정밀한 소음방사 기여도 해석을 행하기 위해 표면 Scanning 법을 이용한 음향 Intensity 계측을 수행하기도 한다. 이 계측에 의하여 차실 내의 방사음 대책의 최적화를 기할 수 있다. 음향 Intensity 란 단위면적을 단위시간에 통과하는 음의 에너지로서 2 개의 마이크를 이용하여 그림 <2-13>과 같은 결과를 나타낸다.

3) Input Point Mobility (IPM)

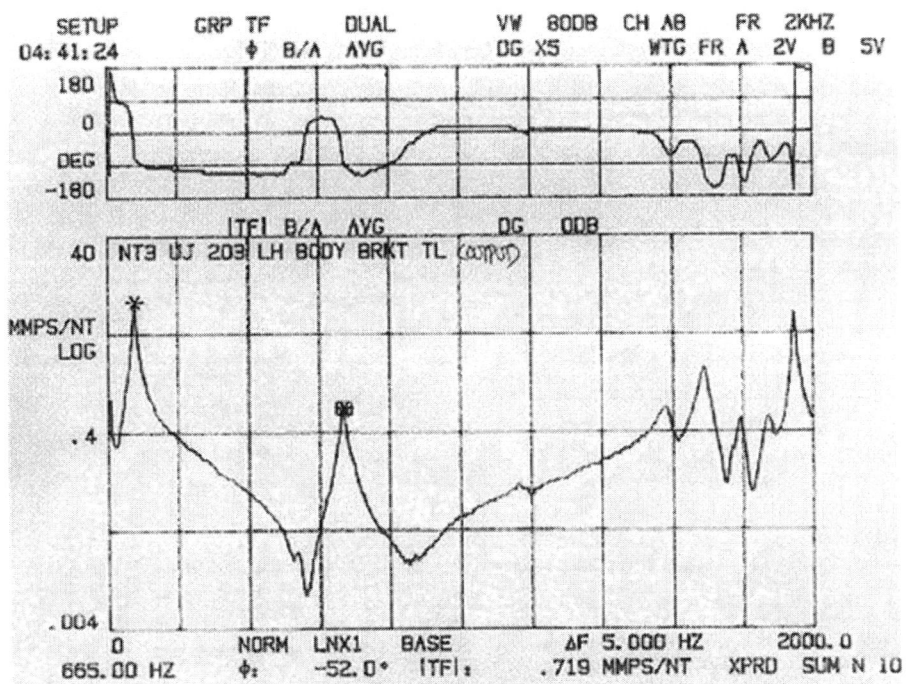

그림 <2-14> IPM 측정 결과

　　차량의 Underbody 와 BIW 등 구조물의 강도와 실내소음과의 연관성을 찾기 위하여 위에서 언급한 주파수응답함수에서 Y 축에 어떠한 기준값을 설정하여 강도검증을 사전에 예측하려는 기술이다.

Mobility 수치와 실내소음과 연관성을 결정하기 위해서는 많은 양의 Data 축적이 필수적이다. 참고로 Ford 와 Lotus 같이 Mobility 에 대한 시험을 일찍 시작한 Maker 는 차량 구조에 따른 기준값을 가지고 있다. 그림 <2-14>은 Booming Noise 를 유발시키는 엔진 마운트 브라켓의 Input Point Mobility 그래프를 보여준다.

4) 실내음향모드

밀폐된 차실 내부에 형성되는 음향고유진동수와 고유모드형상을 측정 및 분석하는 기술로써 차량실내소음 평가 및 차량소음 해석에 사용된다. 차체 모드시험법과 다른 점은 Speaker 를 이용하여 가진한 후 Speaker 의 Volume Velocity 를 사용하고 응답으로 마이크로폰의 음압을 사용하는 점이다. 그림 <2-15>은 자동차 실내음향 모드를 보여준다.

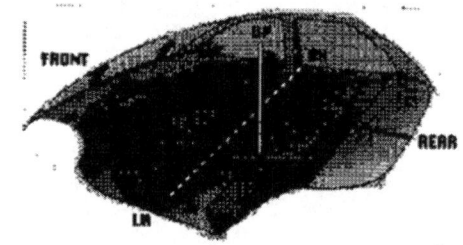

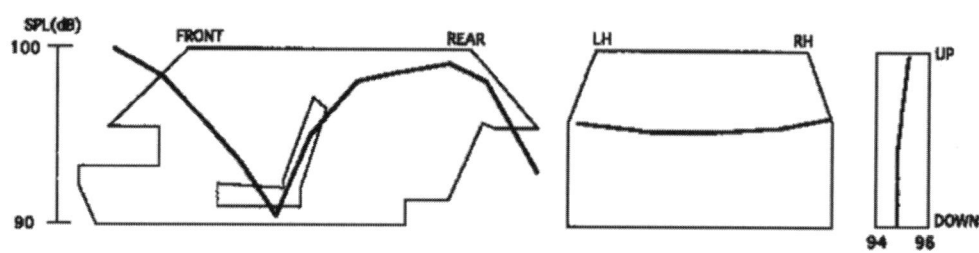

그림 <2-15> 실내음향 모우드 측정결과

5) 음질평가

과거의 NVH 개선은 단순히 소음레벨을 비교하여 차량의 정숙성을 표현하는데 실제로 승객이 느끼는 주관적인 판단과 상당히 다른점을 발견할 수 있다. 이는 각 주파수별로 인간이 판단하는 소음레벨의 범위가 다르기 때문이며 이러한 주관적인 판단과 일치하는 객관적인 해가 필요한데 이것이 바로 음질평가 시스템이다. 예를 들어 기어 와인 노이즈는 엔진소음과 기타 소음 때문에 마스킹되어 소음 레벨에는 영향을 주지는 못하지만 실제로 승객은 매우 민감하게 평가하는 부분이다. 이러한 소음원들에 대한 기여도 분석을 정확히 하고 대책을 함으로서 문제를 해결할 수 있다. 그림 <2-16>은 개선 전 상태의 가속소음 데이터와 문제되는 주파수와 차수 성분을 제거 전후의 데이터를 비교하여 보여준다.

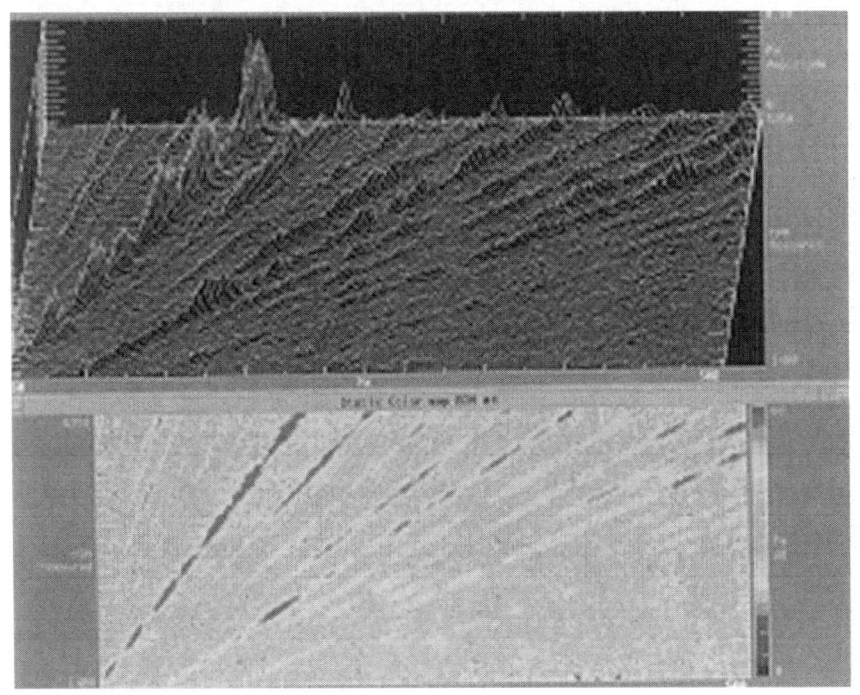

그림 <2-16> 음질평가 결과

6) 음향 홀로그래픽

위에서 설명한 음향 인텐시티 측정과 목적은 비슷하나 인텐시티는 소음원 표면의 소음방사에 대한 기여도 분석이 목적이나 홀로그래픽은 이것에 부가하여 방사후의 소음레벨 예측과 측정되는 면에 수직한 방향으로의 소리의 변화를 가시화하여 보여준다. 따라서 적은 시간으로 보다 정밀한 측정이 가능하며 소음원의 추적과 문제해결이 가능하다. 그림 <2-17>은 홀로그래픽을 측정하기 위한 마이크로폰 어레이의 실험장면이고, 그림 <2-18>은 실험결과를 음원으로 부터 전파되어 가는 음장 형성 모습으로 가시적으로 보여준다.

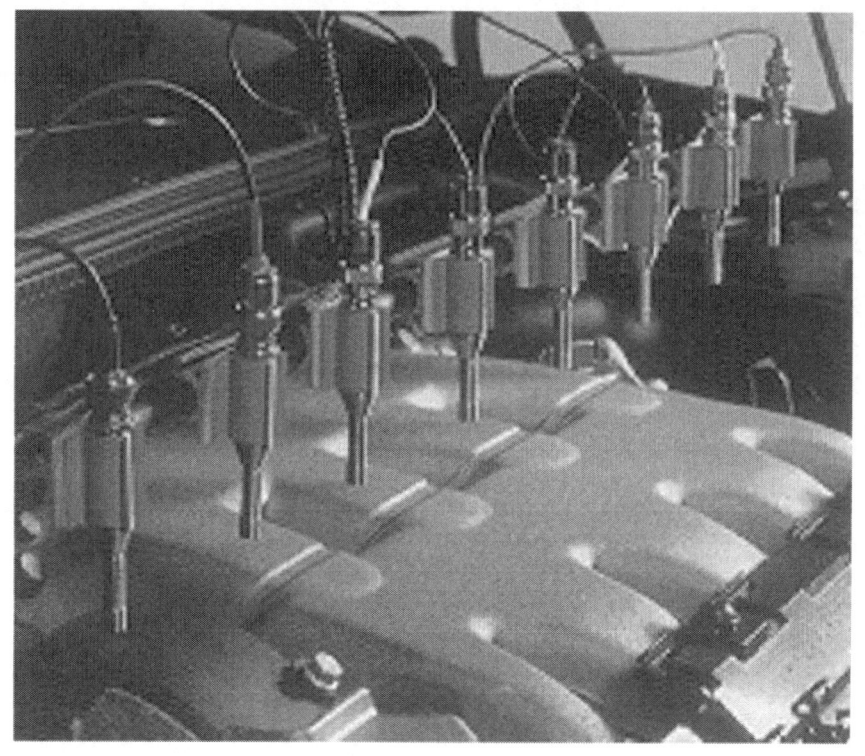

그림 <2-17> 마이크로폰 어레이

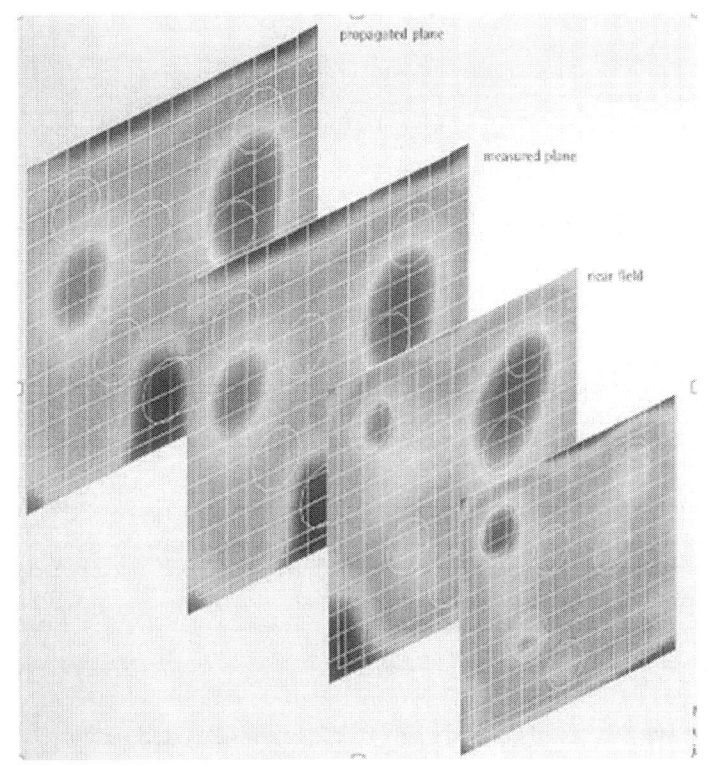

그림 <2-18> 홀로그래픽 측정결과

2.4 진동소음의 해석기술

자동차의 개발 기간이 단축되기 위해서는 해석 기술이 바탕이 되어야 하며 선진 메이커들은 이미 Digital Prototype 차량을 만들어 진동소음 현상을 포함하여 차량 전반에 걸쳐 시험이 필요한 항목을 해석으로 진행시키고 있으며 최적설계사양을 제시하고 있다. 향후 이러한 해석 기술이 계속적으로 보완이 될 것으로 판단되며 지금 현재 진행되는 사항들에 대하여 설명을 하겠다.

1) 차체진동해석

개발 초기 단계에서 차체 진동을 해석하여 문제부위를 선정하고 개선 사양에 대한 추가적인 해석을 실시하여 최적 사양을 제시한다. 그림 <2-19>은 FF Type 승용차의 진동 해석 결과를 보여주는데 Floor 진동이 매우 크게 변화라는 것을 알 수 있다. 이에 대한 대책으로 Floor 강성을 보완해주는 Bead 사양을 개선함으로써 Floor 진동을 50%개선하는 효과를 얻었다.

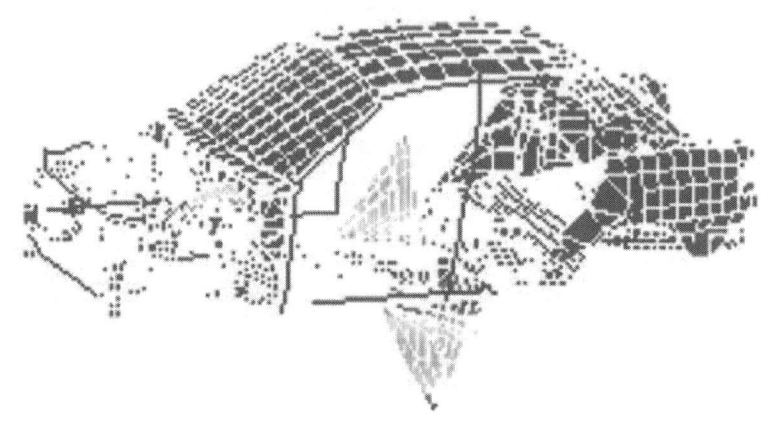

그림 <2-19> 차체의 진동해석 결과

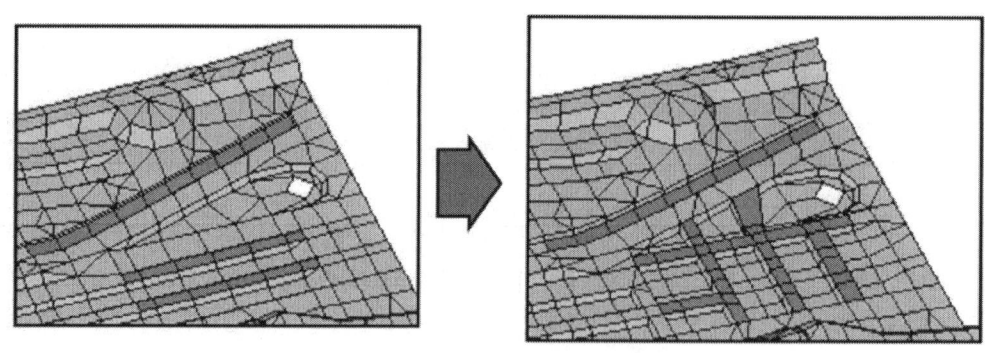

그림 <2-20> 문제부위 보강

2) 차실 소음 해석

차실내 공간의 음향 모우드를 해석함으로써 실제 차량에서 문제가 되는 주파수와의 상관관계를 밝혀내고 이에 대한 대책을 해석한다. 다음 그림은 음향 모우드와 Booming Noise 를 발생시키는 주파수가 일치하여 문제가 되는 사항을 보여준다. 대응 방안으로 Dash Panel을 2중 강판으로 변화시키고 Rear Wheel House 두께를 올림으로서 차체소음을 개선하는 효과를 보여준다.

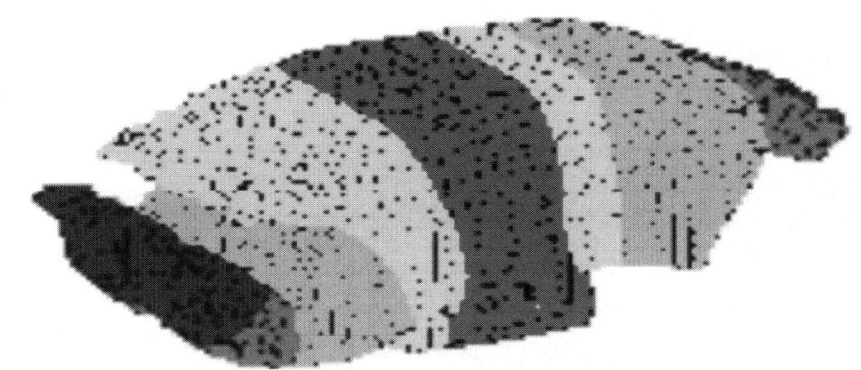

그림 <2-21> 음향 Mode 해석 결과

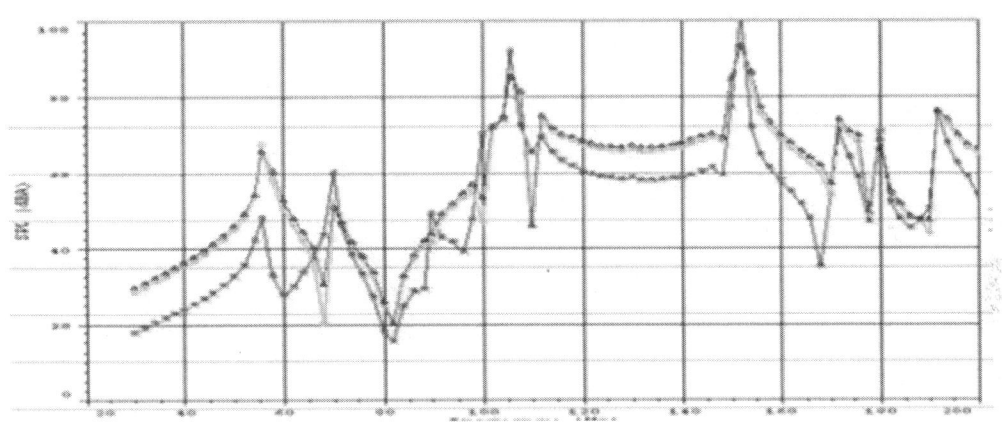

그림 <2-22> 보강후 결과

3) P/T 마운팅 해석

엔진의 기진력에 대한 차량 진동을 최소화하고 Idle 진동 특성을 개선하기 위하여 마운트에 대한 해석을 실시한다. 해석을 통하여 마운트의 Hard Point를 변경시키고 최적해석을 통하여 마운트 러버의 사양을 변경하여 대책을 수립하기도 한다. 개선 전후를 비교한 다음 그림 <2-23>에서 알 수 있듯이 진동레벨과 주파수가 변화되었음을 알 수 있다.

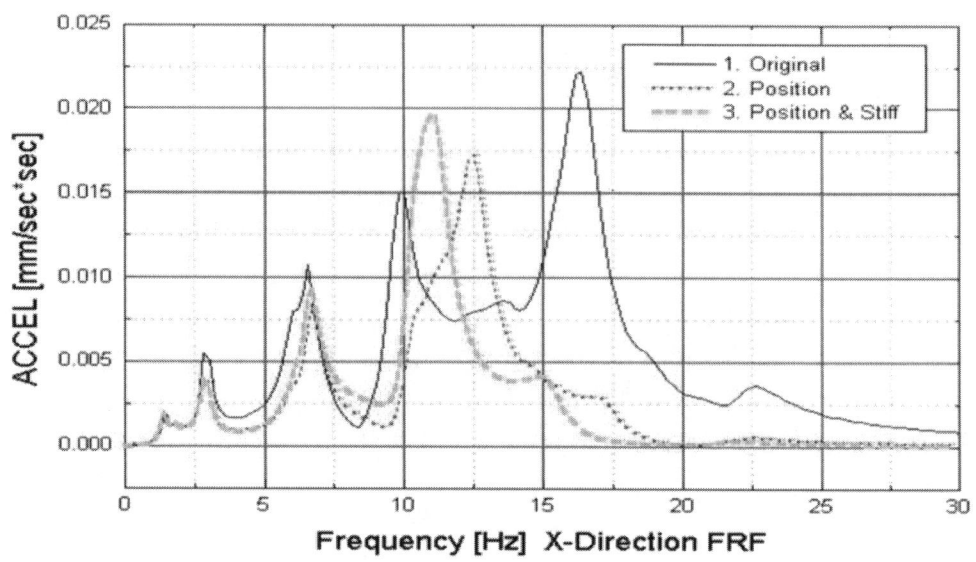

그림 <2-23> P/T Mtg 개선 결과

4) Suspension & Steering 해석

　　주행시 노면 진동에 의한 Steering Wheel 진동의 변위가 크게 발생하거나 정지시 Judder 현상이 발생하게 되어 주행성능에 나쁜 영향을 줄 수 있다. 그림 <2-23>은 FF Type 의 준중형 승용차에 대한 진동 해석 결과를 보여준다. 그림에서 알 수 있듯이 40Hz 근방에서 Steering Shaft 에서 Vertical Bending 이 존재함을 알 수 있다. 해석결과 Lower Control Arm 의 형상과 Rubber Bush Spec 을 변경하고 Steering Bracket 의 강성을 보강함 으로서 진동변위를 개선하는 결과를 보여준다.

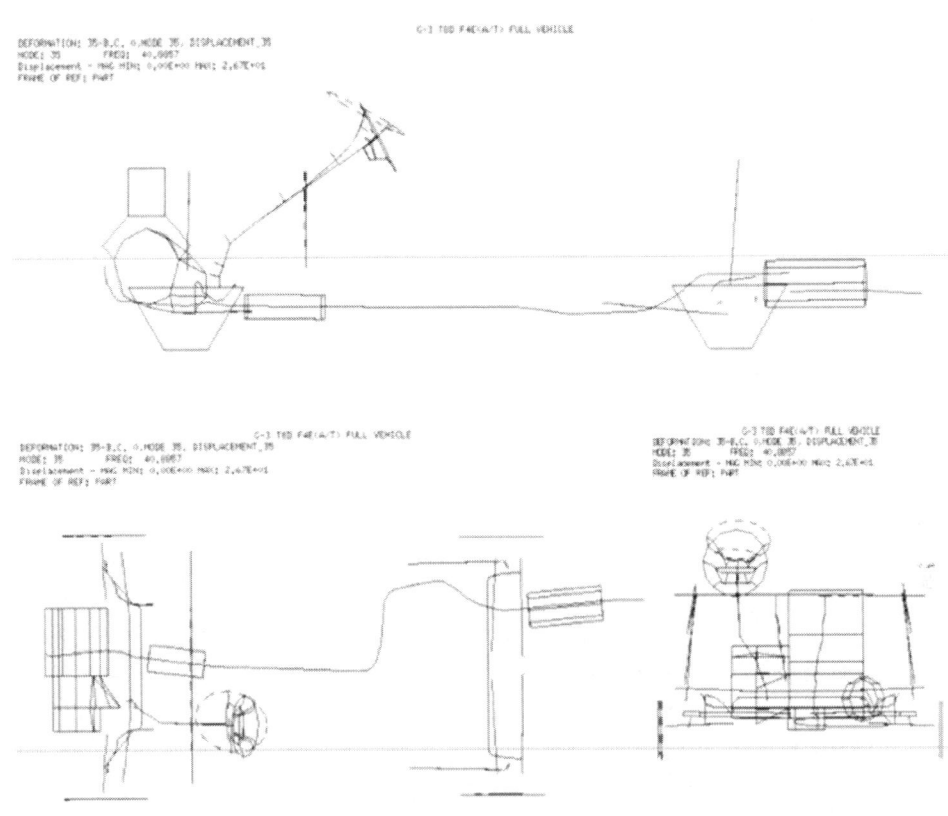

그림 <2-24> 서스펜션 및 조향장치 해석

5) NVH 해석 과제

이상과 같이 차량의 해석이 실제 차량개발에 기여하는 힘은 매우 다양하고 상당히 효과적으로 사용됨을 알 수 있었다. 그러나 고주파 소음의 예측과 더불어 Full Car NVH 해석 기술은 아직도 실차 실험과 상관성이 확보되지 못하고 있다. 따라서 해석 Model 과 실차 실험과의 상관성을 확보하고 풍절음, 기어소음 및 Tire 소음과 같은 고주파 소음에 대한 해석 기술의 정립이 필요하다 하겠다.

2.5 진동소음에 대한 신기술

1) VPG 해석

사이버 공간내의 가상의 주행로에서 실시간으로 차량의 진동과 소음을 분석하는 해석으로 차량이 제작되기 전 설계단계에서 개발 차량의 진동.소음 성능을 평가하고 최적화하는 데에 사용하고 있다. 장점은 한번의 해석으로 차량의 진동과 소음 성능을 주행상태에서 평가하고 타성능인 충돌이나 R&H, 내구강도해석을 동시에 병행하여 평가 할 수 있으나 모델링 소요시간이 길고, 1회 연산시 긴 시간이 걸리는 단점이 있다. 그림 <2-25>는 가상 주행로를 그림 <2-26>는 VPG의 개요를 나타낸다.

그림 <2-25> 가상주행로

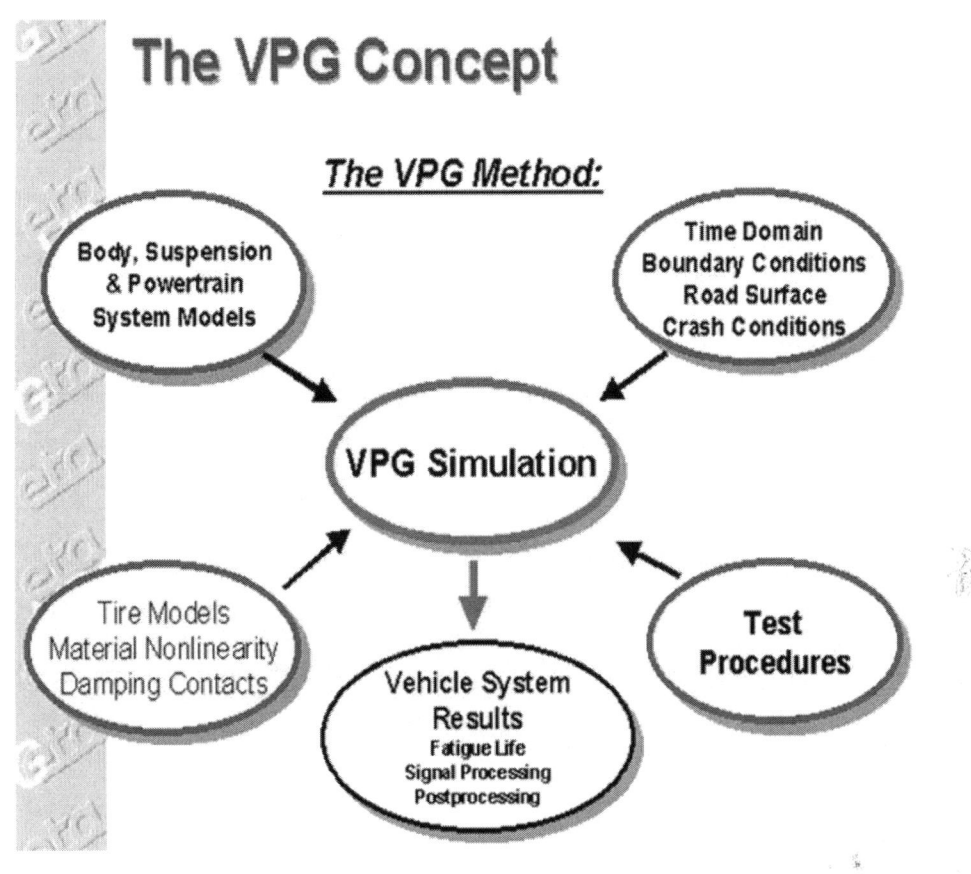

그림 <2-26> VPG 처리 방법

    소음과 진동 해석은 일반적으로 주파수 영역에서 이루어지는데 VPG 해석은 시간영역에서 해석하게 되고, 주행시 시간영역에서 발생되는 소음을 주파수로 변경하여 분석한다.

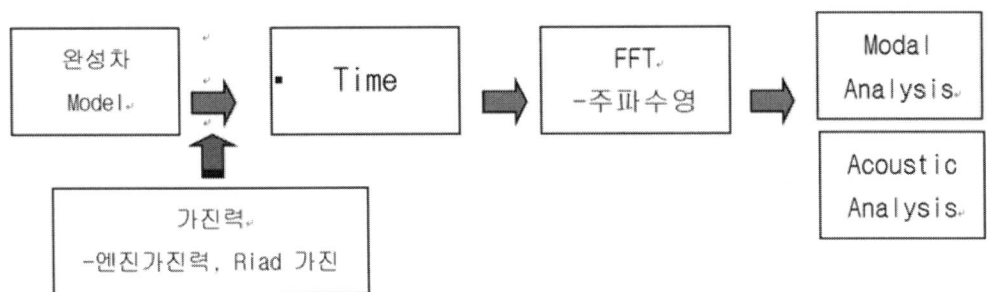

그림 <2-27> VPG 해석 흐름도

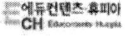

3장 파워트레인 진동과 소음

3.1 엔진과 엔진 부품의 진동소음

가. 엔진의 NVH 성능 평가

1) 엔진 소음 수준 평가

　엔진 소음 수준 평가 방법에 대한 규정은 하나로 고정되어 있지 않고 각국 또는 국제 표준화 기구 및 업체의 평가 기준에 따라 시험 엔진의 4 방향(좌·우·전 규격이 각각 다소 다르다. 일반적으로 상; LH·RH·FRT·TOP) 1m 거리에서 측정된 소음 수준을 평균하여 엔진 소음의 대표값으로 결정하고 있다. 이들 시험 규격들은 시험 규정에서 제일 중요한 항목인 측정 위치를 결정하는 기준을 다소 다르게 규정하고 있다. 이를 포함한 기타 시험상의 상세 규정은 아래의 시험 규격을 참고하기 바란다.

　식(3.1) 과 식(3.2)는 소음 평균치를 결정하는 식을 나타낸다. 각 방향에서의 소음 수준차가 5 [dBA] 이하의 경우에는 엔진 소음 수준은 4 방향 소음 수준을 식(3.1) 과 같이 산술 평균을 취하여 결정하여도 무방하나, 이 이상의 소음 수준차가 있을 경우 식(1.2)와 같은 수식을 이용하여 엔진 소음 수준을 결정하여야 엔진 소음의 과소 평가를 방지할 수 있다.

$$\text{SPL [dBA]} = (LH + RH + FRT + TOP)/4 \qquad (3.1)$$

$$\text{SPL [dBA]} = 10 \times \text{Log}_{10}[(10^{LH/10} + 10^{RH/10} + 10^{FRT/10} + 10^{TOP/10})/4] \qquad (3.2)$$

　여기에서, LH, RH, FRT, TOP 은 각각 엔진 좌·우·전·상 1m 에서의 소음 수준(SPL) [dBA]을 의미한다. 또한 엔진 소음 이외의 실내 소음 수준(암소음, Background Noise)이 엔진 소음에 대비하여 10 [dBA] 이상보다 작을 것을 요구하고 있으나, 부득이 10 [dBA] 이하의 경우 이를 보정해 주어야 한다. 이 암소음의 보정치에 대하여 "KS B 6004-1978" 은 다음과 같이 규정하고 있다.

레벨의 차	4,5 [dBA]	6,7,8,9 [dBA]
보정치	-2 [dBA]	-1 [dBA]

엔진의 소음 수준을 평가하는 방법을 규정하는 Code 들은 다음과 같다.
  a. KS B 6004 (1978-12-29 제정, 공업진흥청 고시 제 13619 호)
     -내연 기관의 소음 측정 방법
  b. JIS B 8005-1975
  c. SAE J 1074 (1987.2)
  d. Ricardo (엔진/차량 개발 용역 업체, 영국)
  e. AVL (엔진/차량 개발 용역 업체, 오스트리아)
  f. FEV (엔진/차량 개발 용역 업체, 독일)

그림 <3-1>은 KS B 6004 에서 규정해 놓은 엔진 소음 측정 위치를 나타내어 주고 있다. KS B 6004 는 측정 위치의 기준을 규정 표면을 설정하고, 마이크 위치를 표면으로부터 기준하여 정하도록 되어 있다. KS 는 이 규정 표면을 다음과 같이 정의하고 있다.

"기관 소음에 대하여 그렇게 영향을 주는 것으로 생각되지 않는 기관 표면의 각각의 돌기물을 무시하고, 기관 본체 표면의 모양을 단순화 해서 생각" 한 가상의 표면으로 정의한다.

이 가상의 표면에 엔진 구조물을 투영하여 만들어진 직사각형의 중심으로 부터 1m 거리에 마이크를 설치하여 소음 수준을 측정하게 된다.

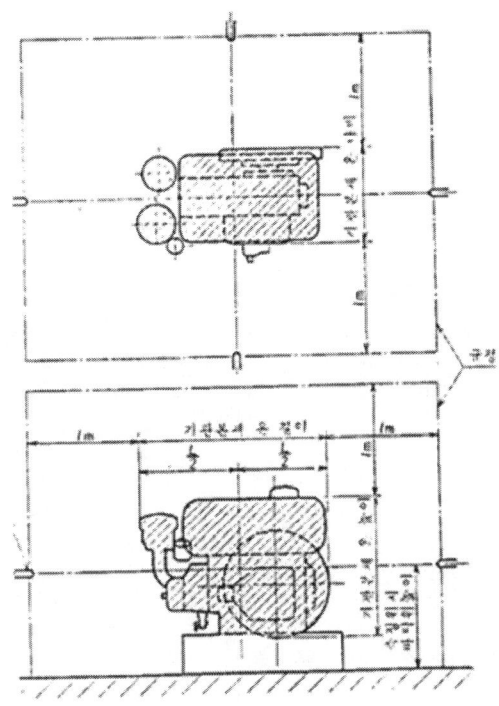

그림 <3-1> 엔진 소음의 측정 위치 (KS B 6004)

그림 <3-2>는 엔진 소음 측정을 위한 엔진 무향실을 보여주고 있으며, 그림 <3-3>은 엔진 소음 측정 결과를 보여주고 있다. 일반적으로 무향실은 엔진 전체 면에서 방사되는 소음을 충분하게 흡수할 수 있는 완전 무향실(Anechoic Chamber)과 실내 바닥면을 제외한 면에서만 소음을 흡수 할 수 있는 반무향실(Semi-Anechoic Chamber)로 구분된다. 반무향실의 경우 바닥면은 일반 건물 구조물에서와 같이 콘크리트로 시공한다.

엔진 소음 수준 평가는 일반적으로 엔진 Full 부하 상태에서 회전수를 고정시킨 조건에서 측정된 소음 수준으로 엔진 소음 수준의 대표값을 결정한다. 이 경우 엔진 회전수에 대하여 일정 간격(200 rpm 또는 500 rpm)으로 엔진 소음 수준이 평가되므로 측정되는 엔진 회전수 사이값에 해당되는 엔진 회전수에 대한 정보가 충분하지 않으므로, 이런 경우를 대비하여 엔진 회전수를 연속적으로 증가시킴으로써 연속적인 엔진 회전수에 대한 엔진 소음 수준을 평가하여 엔진 방사 소음의 특성을 분석한다. 어느 경우든 주파수 특성에 대한 정보를 얻을 수 있기 때문에, 이들 엔진 소음에 대한 주파수 특성을 이용하여 엔진 NVH 특성 및 개선 방향을 설정한다.

그림 <3-2> 무향실에서의 엔진 소음 측정

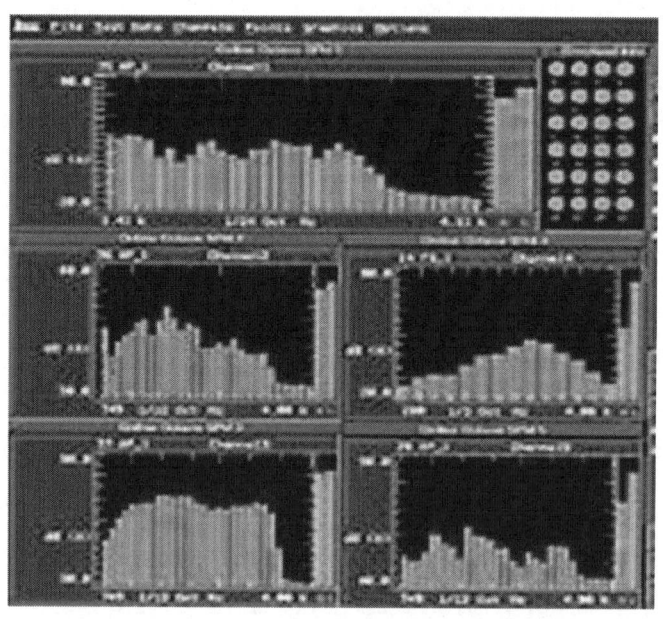

그림 <3-3> 엔진 소음 측정 결과

2) 엔진 소음원 규명

 엔진 소음 개선을 위해서는 소음 방사를 주도하고 있는 엔진면의 위치 및 엔진 부분품를 결정하는 것이 최우선 과제이다. 이를 위하여 Sound Intensity 방법이 많이 사용된다. 이를 이용하면 Sound Intensity 측정면에서의 소음 방사 분포를 일목 요연하게 확인할 수 있으며, 이를 엔진 구조물 위에 투영시키면, 측정면에서 소음 에너지를 방사하는 엔진면의 위치 및 부분품의 순위를 소음 방사 에너지의 크기를 기준하여 결정할 수 있다. 그림<3-4>는 Sound Intensity 측정 장비를 보여주고 있다.

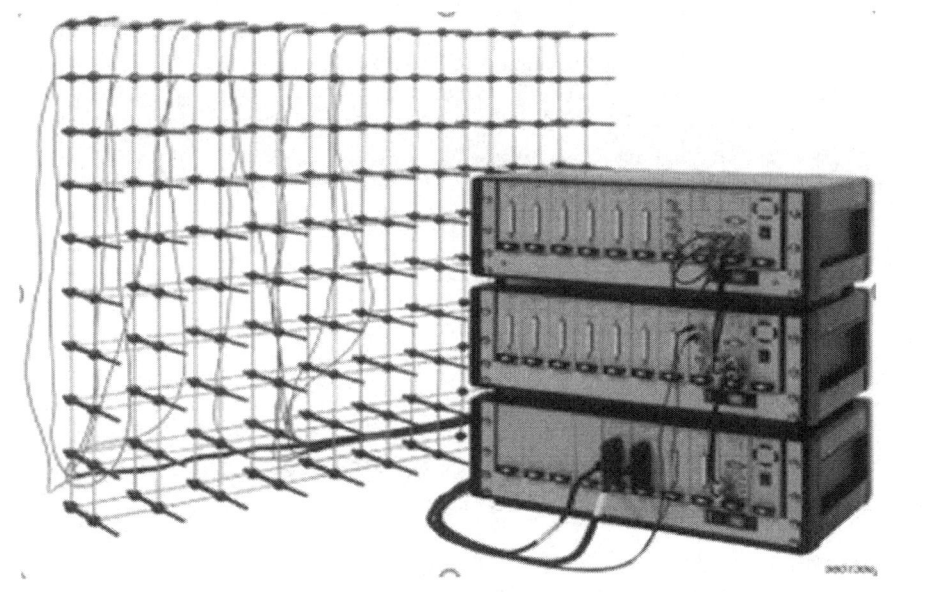

그림 <3-4> Sound Intensity 측정 장비

 그림 <3-5>는 Sound Intensity 측정 장비로부터 측정된 Data 를 근거로 S/W 를 이용하여 계산된 소음의 방사 특성을 3 차원면으로 구성하여 보여주고 있다. 그림 <3-5>는 엔진을 대상으로 하여 측정-계산된 결과를 보여준 것으로 엔진 정면 좌측 하단에서 소음 에너지가 제일 크게 방사됨을 보여주고 있다.

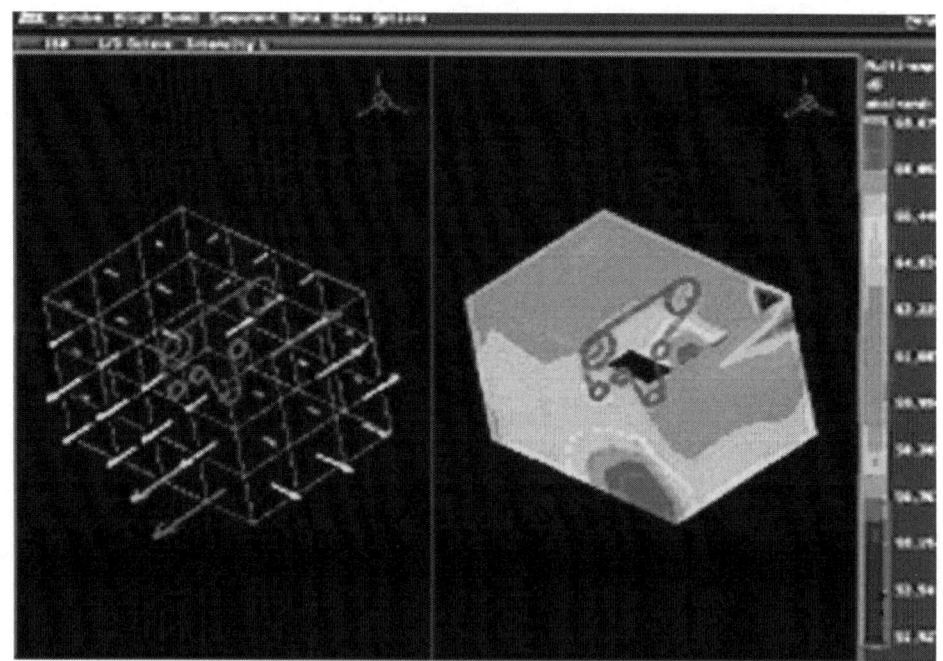

그림 <3-5> Sound Intensity 계산 결과

나. 엔진 부품의 소음 평가

1) Turbocharger 소음 - Whistle & Whine 소음
엔진의 출력 증대와 연료 효율 증대에 대한 시대적 요구 및 배기 가스 규제의 강화에 따라 최근에 출시되는 엔진은, 특히 디젤 엔진의 경우는 100% Turbocharger (TC)를 장착하고 있으며, 이의 효율을 더욱 증대시키기 위하여 Intercooler 를 기본으로 장착하는 추세에 있다. 이 Turbocharger 는 매우 고속(약 100,000 ~ 200,000 rpm)으로 회전하기 때문에 많은 소음 진동 문제를 유발시키고 있다. Turbocharger 로부터 발생하는 소음은 단일 주파수 성분의 소음으로써 비록 소음 수준이 낮더라도 다른 소음에 의하여 충분히 Masking 되지 않으면 실내에서 뚜렷하게 구분되어 운전자 또는 승객에게 불편함을 유발하게 된다. 그림 <3-6> 은 TC 의 단면을 보여주고 있다.

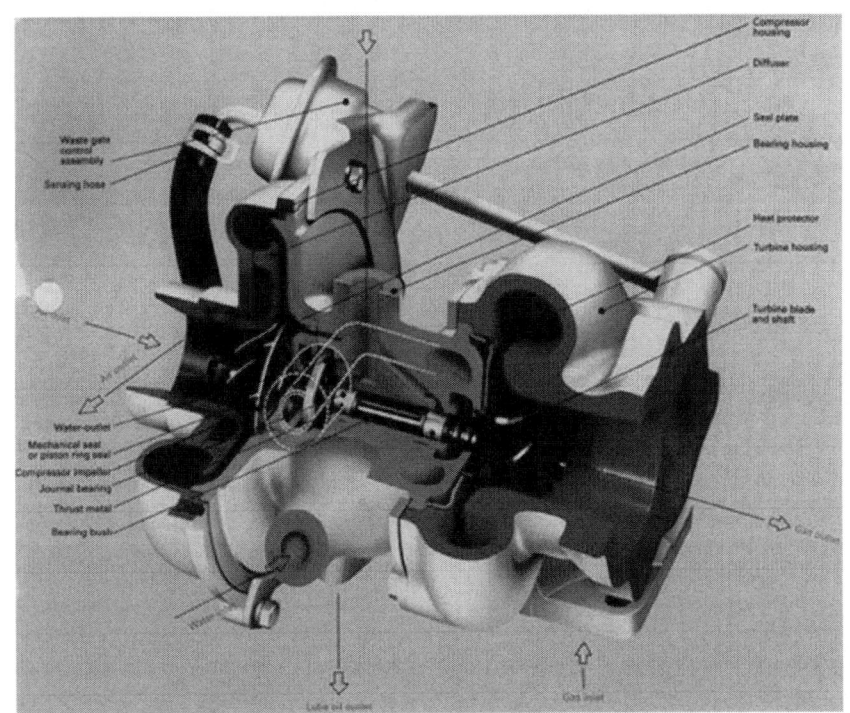

그림 <3-6> Turbocharger 단면도

일반적으로 Turbocharger(TC)로 부터 유발되는 소음 문제는 크게 2가지이다. 하나는 TC 회전수에 해당하는 주파수에서 유발되는 Whistle 소음이고, 나머지 하나는 (TC 회전수 × Blade 수)에 해당하는 주파수로부터 유발되는 Whine 소음이다. 즉,

- Whistle 소음: TC 회전수에 비례하는 단일 주파수 소음
- Whine 소음: (TC 회전수×Blade 수)에 비례하는 단일 주파수 소음

Turbocharger(TC) 소음 특성 확인은 엔진 1m 가속 소음 특성에서 1차적으로 소음 수준을 확인한다. 그림 <3-7>은 소형 디젤 엔진에 장착된 TC에 대하여 엔진 Top 1m에서의 엔진 가속 소음 특성을 보여주고 있으며, 그림 <3-8>은 대형 디젤 엔진에 장착된 Turbocharger(TC) 근접 소음 특성을 보여주고 있다.

그림 <3-7>에서는 Turbocharger(TC) 회전수에 비례하는 주파수 성분 (점선 부분)의 Whistle 소음 특성을 보여주고 있으며, 이 소음은 주변 주파수 성분의 소음 대비하여 뚜렷하게 구분될 수 있는 정도의 소음 수준을 보여주고 있다. 특히 엔진 소음이 높지 않은 2,000 rpm 이하에서 Whistle 소음 특성이 더욱 뚜렷하게 나타나며, 이로 인하여 이 엔진 운전 조건에서 차량 실내 소음 문제를 유발하게 된다.

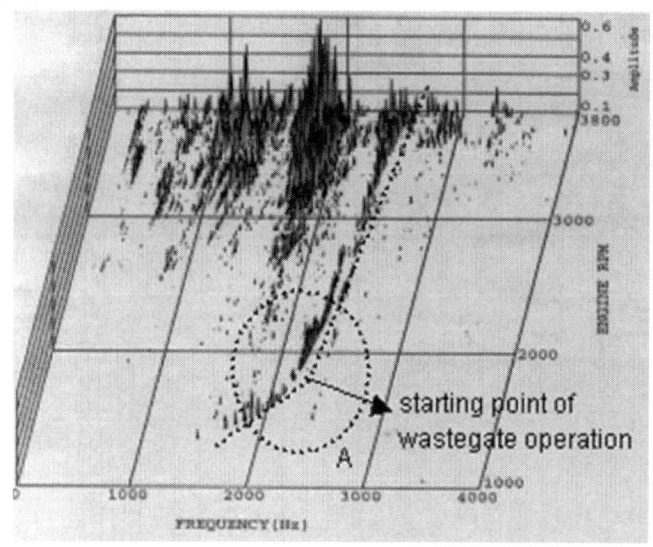

그림 <3-7> 엔진 Whistle 소음 (Top 1m, 소형 디젤 엔진)

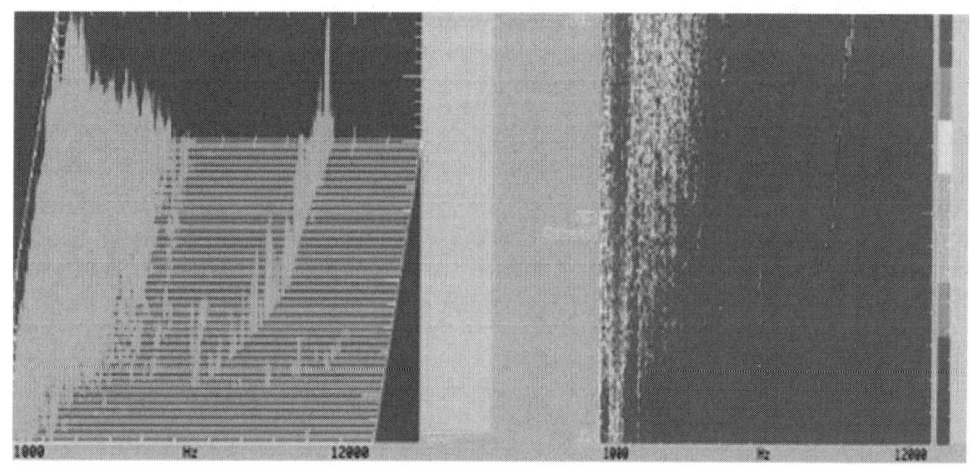

그림 <3-8> 엔진 Whine 소음 (대형 디젤 엔진)

그림 <3-8>에서는 Whine 소음의 특성을 뚜렷하게 관측할 수 있으며, 이 소음은 주변 소음 대비 월등하게 큰 소음 수준을 나타내어 차량에서도 심각한 Turbocharger(TC) 특이 소음 문제가 유발되는 것을 확인할 수 있다.

일반적으로 소형 디젤 엔진에서는 Whistle 소음이 심각한 소음 문제를 유발되며, 대형 디젤 엔진의 경우는 Whine 소음이 주로 문제가 있는 것으로 알려져 있다. 이들 소음의 평가 방법은 Table 3.1 과 같이 정리 될 수 있다. 여기에 관능 평가를 통하여 Turbocharger(TC) 소음의 문제 수준을 평가한다. 이 관능 평가 방법은 다른 특이한 소음 평가에서와 같이 측정 장비를 통한 수치적 소음 수준의 평가와 함께 매우 중요한 Turbocharger(TC) 소음 평가 수단이 된다.

Table 3.1 Turbocharger 특이 소음의 규명 시험 방법

구분	엔진 운전 조건	측정 위치
엔진 1m 소음	Min → Rated rpm @ 전부하 / min	엔진 1m
TC 단체 소음 ※TC only	일정 유량 / 일정 압력 / 일정 rpm	Comp. 입구 @Comp. 입구 Open
TC 근접음	Min →100% Load (Up & Down) @60% & 80 % rpm/ min	TC & Duct 30cm 근접
	Min → Rated rpm @ 전부하 / min	TC 30cm 근접

Table 3.1 은 Turbocharger(TC) 소음 평가 방법을 비교하고 있다. 이 시험 방법들은 그 동안 대형 디젤 엔진에 장착되는 TC 에서 유발되는 소음 문제를 개선하기 위하여 업체와 협력하여 개선 방법을 찾는 과정에서 입수되었거나 수립된 TC 소음 평가 방법을 정리한 것이다. 특히 TC 단체 소음의 평가를 통하여 문제 발생

여부를 어느 정도 파악을 할 수 있으나, 정량적으로 소음 발생 또는 문제 발생 여부를 예측할 수 있는 기준은 아직 충분히 마련되어 있지 않은 상태이다. 다만, 상대적 소음의 주파수 특성의 변화량에 대하여 개선 여부에 대해서 평가하고 있으며, 정량적 평가를 위한 작업도 보완되어야 한다.

2) Crankshaft 비틀림 진동 (Torsional Vibration) 평가

규칙적인 엔진 폭발력에 의하여 가진되는 크랭크축계의 안전을 위하여 크랭크축 끝단에 여러가지 형태의 비틀림 댐퍼 (Torsional Damper)가 장착되고 있다. 이러한 비틀림 댐퍼의 적용을 통하여 크랭크축에서 유발되는 비틀림 진동을 흡수하여 크랭크축의 안전성 확보와 함께 엔진 진동 억제에 의한 엔진의 소음/진동 저감 효과를 얻을 수 있다. 비틀림 댐퍼는 엔진 운전과 함께 계속적으로 운동을 하는 부품이므로 댐퍼 자체의 내구 만족 조건을 충족시켜야 비로서 엔진에 적용이 가능하다. 가솔린 엔진이나 소형 디젤 엔진의 경우는 고무 댐퍼(Rubber Damper)를 사용하나, 대형 디젤 엔진의 경우는 비스코스 댐퍼 (Viscous Damper)를 사용하는 추세에 있다.

그림 <3-9> 크랭크축계의 시험 장치 (대형 디젤 엔진)

크랭크축계의 진동을 측정하는 방법으로는 여러 방법이 있으며, 현재 당사에서는 Laser 를 이용한 비접촉식 장비를 사용하고 있다. 그림 <3-9>는 Damper 전문 생산 업체인 독일의 Hasse & Wrede 의 시험 장비를 보여주고 있다. 이들은 비틀림 댐퍼의 회전 비틀림 진동뿐만 아니라 엔진의 축방향의 진동도 계측하고 있으며, 진동 측정과 동시에 Damper 의 표면 온도도 적외선 온도계를 이용하여 함께 측정 가능하다.

3.2 파워트레인계 소음

파워트레인(P/T)계에서는 다양한 잠재적인 소음 문제를 안고 있다. 이들은 소음의 상대적 크기에 따라 문제의 수준으로 발현되기도 하고, 보다 큰 다른 소음에 묻혀 비록 소음 특성은 가지고 있으나 사람의 귀에 감지되지 않을 정도로 숨어 있는 경우가 있고 이것을 "Masking Effect" 라고 정의한다. 이 절에서는 P/T 에서 발생되는 특이 소음과 개선 효과와 방법을 설명하기로 한다

가. 소형 디젤 엔진의 터보차저 Whistle 소음

문제의 소음 특성은 그림 <3-7> 과 같다. 이에 대한 Unbalance 양 축소 적용에 따른 소음 개선 수준은 다음과 같다.

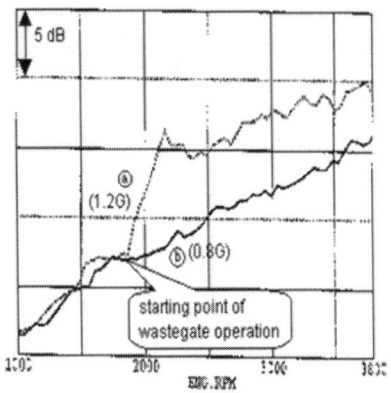

그림 <3-10> Unbalance 양 축소에 의한 소음

나. 대형 디젤엔진의 특이 소음

1) 소음 발생 조건
- 엔진온간/차량정지 상태에서 엔진 rpm 의 상승후 급격한 감소시 충격소음 발생
- 엔진 단체에서 발생 안함
- 트럭에서는 발생하지 않으며 버스에서만 발생
- 엔진 냉간 상태에서는 소음 발생 강도가 낮으나, 온간 상태에서 강하게 나타남

2) 조치
Pulley 장력을 낮춤으로써 문제 해결

다. 엔진 가진력과 보기류 진동에 의한 Beating 진동

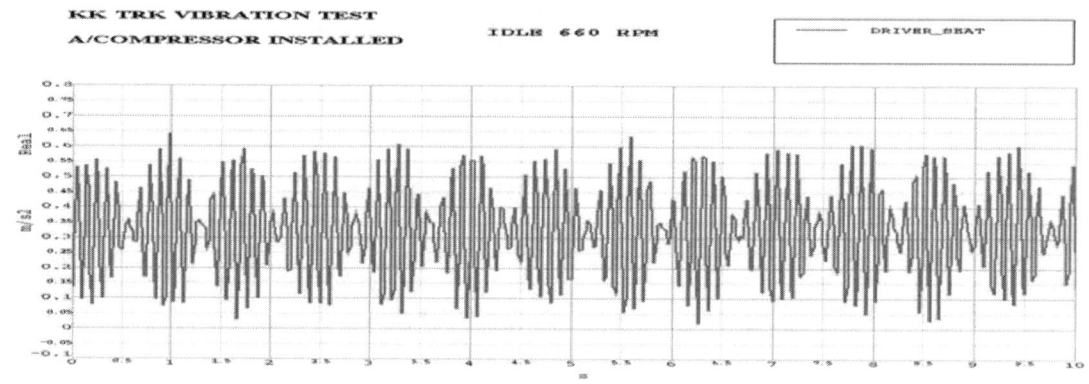

그림 <3-11> Beating 진동 소음 형태

3.3 기어 소음

가. 기어 Whine 소음

차량에서 gear whine 소음은 지금까지 그 정도의 차이는 있었지만 각 차종에 따라 조금씩 발생하여왔고, 소음을 줄이기 위해 설계,

개발, 생산 그리고 품질부분에서 부단한 노력을 해왔으며, 현재도 개선하는 일련의 연구가 계속되고 있다. 이와 같은 개선의 결과로 각 기종마다 차이는 있으나, 변속기(T/M) 대상 소음 수준이 약 10년 전보다 약 5 ~ 10 dB 감소하였고, 차량 실내 소음도 약 0.5 ~ 1점 향상되었다. 그러나 이와 같은 소음 품질의 향상에도 불구하고 아직도 gear whine 소음의 개선이 요구되고 있다. 차량에서 발생하는 소음은 사람의 귀로 듣고, 만족하느냐, 불만족 하느냐로 판단하게 된다. 이때 귀는 gear whine 소음 이외에도 차량에서 발생하는 모든 소음을 듣고, 비교하므로 상대적인 값이 매우 중요하다. 이와 같은 효과를 음향학에서는 masking 효과라고 부르고 gear whine 소음도, 이 효과를 받는다. 그러나, 엔진 및 차량에서 발생하는 소음의 지속적인 개발로, 타 소음으로 masking 되고 level 이 작아 문제시 되지 않았던 gear whine 소음이 운전자로부터 불만이 야기되기 시작하였다. 근래 들어 gear 재질의 고강도화, case 의 magnesium 화 등으로 gear 에서 발생하는 진동 및 소음 값은 점점 커지고 있는 상황이다.

그림 <3-10> 기어 whine 소음 기여도 (과거와 현재)

나. 기어 Whine 소음 원인

일반적으로 알려진 기어 whine 소음의 원인은 그림 <3-11>과 같이 설계 요인, 제작 요인, 조립 요인 및 기타 요인으로 나눌 수 있다.

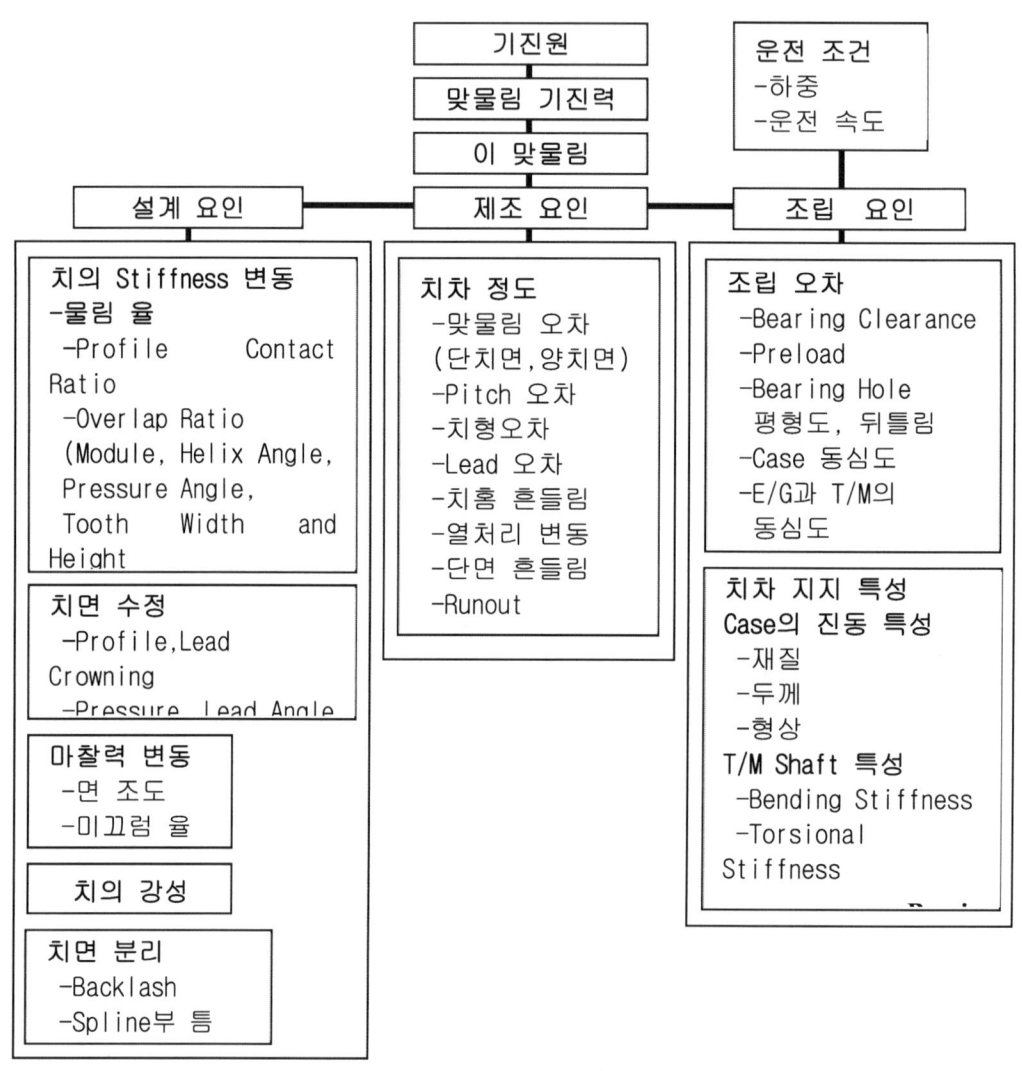

그림 <3-11> 기어 whine 소음의 원인

다. 기어 Whine 소음 제어도

차량에서 gear whine 소음이 발생하면 그림 <3-12>와 같이 근본적인 원인을 단계별로 조사 분석하여야 한다. Gear whine 소음을 개선하는 가장 기본이 되는 단계는 차량에서 소음을 귀로 정확히 듣고, 문제 수준을 평가하고, peak 가 발생하는 속도 구간 등을 조사하는 것이다. Gear 소음이 입력 회전 속도와 비례하여 가진 주파수가 증가하면, gear whine 소음이라고 판단하면 된다.

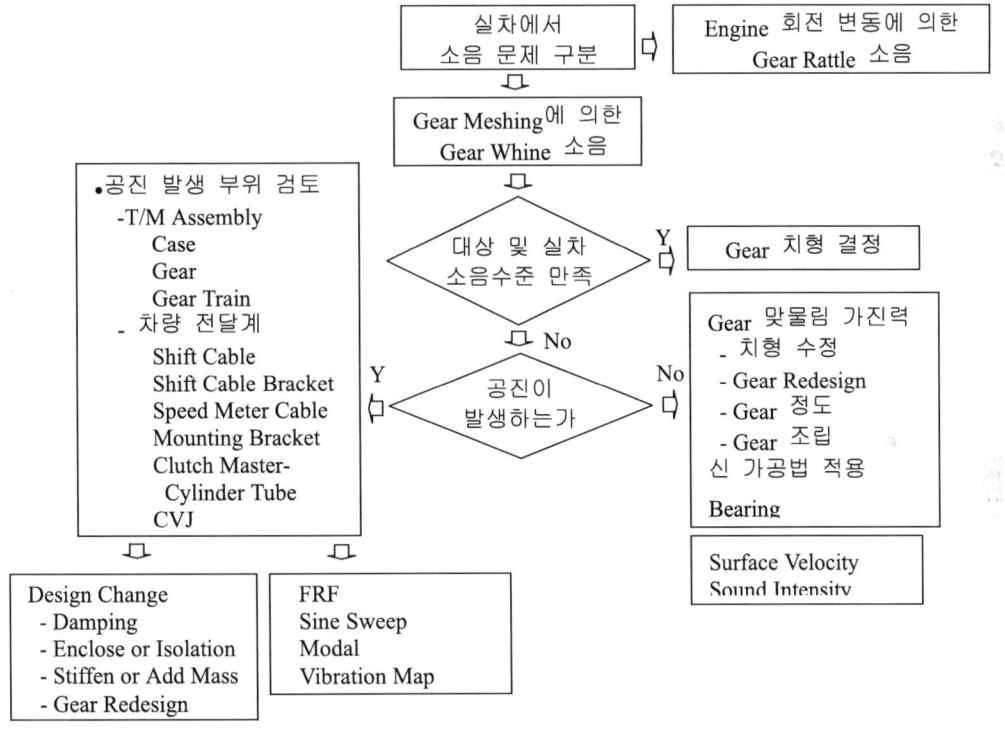

그림 <3-12> Gear whine 소음 제어도

만약 오차가 없는 이상적인 gear 쌍에서 부하 없이 입력축이 일정하게 회전하고 있다면, 출력축의 회전속도는 기어비만큼의 순간 회전 변동 없이 회전한다. 그러나 이와 같은 이상적인 gear 쌍은 실제로 존재하지 않는다. 실제 gear 는 가공 오차를 갖고 있고, 부하를 받고 회전하고 있는 gear teeth 는 보와 같이 굽힘 변형이 발생하고, gear 를 지지하고 있는 shaft 그리고 case 의 변형과 더해져 출력축에 기어비 이외의 회전변동이 발생한다. gear whine 소음의 발생 mechanism 은 구동 및 종동 gear 가 물려 회전시 발생하는 회전 변동이 그 가진력이며, 이와 같은 회전 변동을 변속기 불량(transmission error)이라고 부르고 있다

라. 기어 Whine 소음예측 프로그램

 Gear whine 소음을 저감하기 위해서는, 설계단계에서 gear whine 소음 예측이 가능하여야 한다. 첫번째로 gear 진동에 대하여 논의하려면, gear 강도와의 관계를 같이 검토해 보아야 한다. 강도의 계산 근사치는 약 100 년전 1892 년 Lewis 씨에 의해 시작되어, 현재는 AGMA, ISO, JSME 등 각 단체에서 계산 식을 standard 화하려는 노력이 계속되고 있다. 이와 같은 계산식과 자문, 실험 결과 등을 참조로 고유의 계산 식을 완성하고 있다. 그러나 강도를 증가 시키면, 소음 값은 나빠지는 경향이 있고, 반대로 gear 진동을 감소시키기위해 압력각을 크게 하거나 저 모듈화 등은 강도를 저하시킨다. 그러므로 설계시 gear 강도가 만족하더라도 진동값을 예측할 수 없다면 두 값을 모두 만족하는 제원 결정이 어렵다.

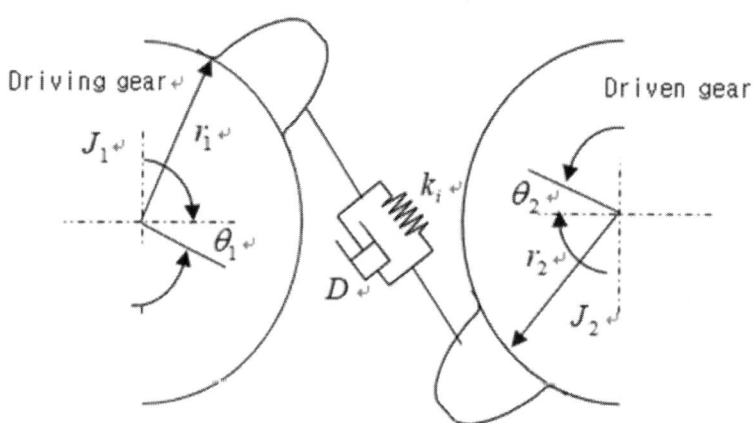

그림 <3-13> 기어 진동해석 모델

20년전부터 gear pair의 진동량뿐만 아니라 shaft, bearing, case 와 연성된 gear 진동량을 계산하기 시작하였고, 결과적으로 BEM 를 이용하여 방사되는 소음량을 계산가능해 졌다. gear whine 소음 예측 program 은 T/M 의 경량화를 가능케 한다.

그리고 예측 프로그램을 이용하면 case 의 경량화가 가능하여, 설계시 불필요한 부분의 두께를 줄이는 효율적 개선이 가능 하다.

Gear whine 소음 해석을 위해서는 기본적으로 gear 쌍의 물림부의 진동 해석이 중요하다. 다음 그림 <3-13>는 진동 해석을 위한 진동 모델이다.

그림 <3-13>으로부터 gear 맞물림 진동을 스프링과 감쇠계 그리고 작용선상에 환산 질량을 이용하여 다음과 같이 간단한 1 자유도의 미분 방정식으로 나타낼 수 있다.

$$M\ddot{w} + D\dot{w} + \sum k_i w = W + \sum k_i e_i \qquad (3.2)$$

여기서, M 은 작용선상의 환산 질량, D 는 감쇠계수, k_i 는 gear 쌍의 스프링 상수, e_i 는 gear 쌍의 합성 오차, w 는 작용선상의 변위, W 는 정면 전달 법선력 이다. 위의 식을 이용하여 진동레벨을 계산 할수 있다.

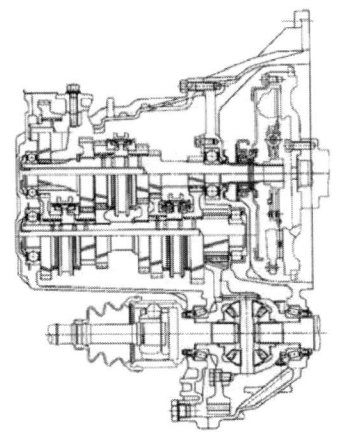

그림 <3-14> Gear train model 과 case

다음 단계는 gear, shaft, bearing 및 case 의 영향을 고려한 방사소음의 예측이다. 그림 <3-14>와 같은 gear train 을 modeling 하여 bearing 부에서의 진동값을 구하여, case 에서 방사되는 음압을 구할 수 있다. 기어의 설계 및 개발 단계에서 여러 개선안을 시작하지않고 해석을 이용하여 효율적으로 gear whine 소음이 최소화되는 gear 제원, shaft, case 형상 등을 결정할 수가 있다.

3.4 엔진소음의 특성

가. 엔진소음 일반

엔진소음은 크게 연소소음과 기계소음으로 분류되며, 이들은 다음과 같이 정의된다.

-연소소음: 연소실안의 압력 변화 (Pressure Pulsation) 로부터 유발되는 소음
-기계소음: 엔진 부분품 간의 충격으로부터 유발되는 소음

<연소 소음의 발생 메카니즘>
연소 가스의 압력은 실린더 헤드와 피스톤 상면에 동시에 작용하며 다음과 같은 경로를 통하여 엔진 소음으로 방사된다.

-실린더 헤드로 부터 엔진 소음 방사: 실린더 헤드 및 그에 장착된 로커 커버, 흡·배기 매니폴드를 통한 소음 방사
-피스톤 부위를 통한 소음 방사: 피스톤 크랭크 기구를 경유하나 실린더 라이너를 통하여 크랭크 케이스에 전달된 각 부의 표면으로의 소음 방사

　연소소음의 특성을 가솔린 엔진과 디젤 엔진에서 좀 더 자세히 설명하면 다음과 같다.

1) 가솔린 엔진소음 특성
실린더 안에 도입된 가연성 혼합기가 압축 상사점 부근에서 전기 점화에 의하여 점화되면 화염이 전파되어 실린더 벽면에 화염이 도달되면 연소가 종료된다. 화염이 전파되는 도중에 혼합기의 일부가 실린더내 압력의 증가 및 온도의 증가에 따라 발화 조건이 형성되면 스스로 연소가 발생하여 노킹(Knocking)이 발생한다. 일반적으로 가솔린 엔진에서는 연소실 형상에 따라 노킹 방지 방안이 적용되면 실린더내 압력 상승률이 증가된다. 이 압력 상승률이 0.25 MPa/°CA 를 넘으면 간헐적으로 귀에 거슬리는 마치 두들이는 것과 같은 음이 발생하는데 이를 러프니스(Roughness) 음으로 정의하며, 이는 구조물의 격심한 진동에 의하여 발생하는 것이다.

러프니스음의 저감은 연소실 열효율을 경감시키며, 스파크·노크의 발생을 증가시키는 경향이 있다. 이는 연소실 구조를 콤팩트화하여 화염 전파를 짧게함으로써 노킹을 제어하고 엔진 구조를 집약하여 러프니스음을 억제하는 노력이 이루어지고 있다. 더불어, 러프니스음은 매사이클마다의 연소의 변동, 또는 실린더마다의 연소의 흐트러짐에 의하여 증가하므로 연소 사이클의 변동 및 실린더간의 불균일성을 경감시키는 것이 중요하다.

2) 디젤 엔진소음 특성
점화 지연 기간중에 형성되는 가연성 혼합기의 충격적인 연소에 의하여 실린더내의 압력의 급격한 상승 현상이 나타나는데 이것이 엔진 구조를 가진시킴으로써 연소음을 발생케 한다.

그리고 이 압력 상승률이 $0.5 \sim 0.6$ Mpa/°CA 보다 커지면 디젤노크로 인지되게 된다. 일반적으로 착화 지연이 길어지면 길어질수록 그리고 초기의 연료 분사율이 높으면 높을수록 노킹 현상은 상승되지만, 점화 시기를 늦추어 팽창 행정으로 연소를 행하게 했을 경우에는 발생되지 않는다. 분사 시기 지연외에 초기 분사율을 낮추기 위한 기술들이 고안되어 적용되고 있다.

그림 <3-15>은 가솔린 엔진과 디젤 엔진의 연소압의 차이 및 엔진 표면에서 방사되는 소음의 주파수 특성의 차이를 보여주고 있다. 즉, 연소 최고압 p_{max} 및 압력 상승률 $dp/d\Theta$ 와 1kHz 이상의 고주파 영역의 엔진 표면 방사 소음 특성으로부터 동일 엔진 운전 조건 (전부하 @ 4000 rpm) 하에서 디젤 엔진이 가솔린 엔진 대비 소음 수준 측면에서 매우 불리함을 보여주고 있다.

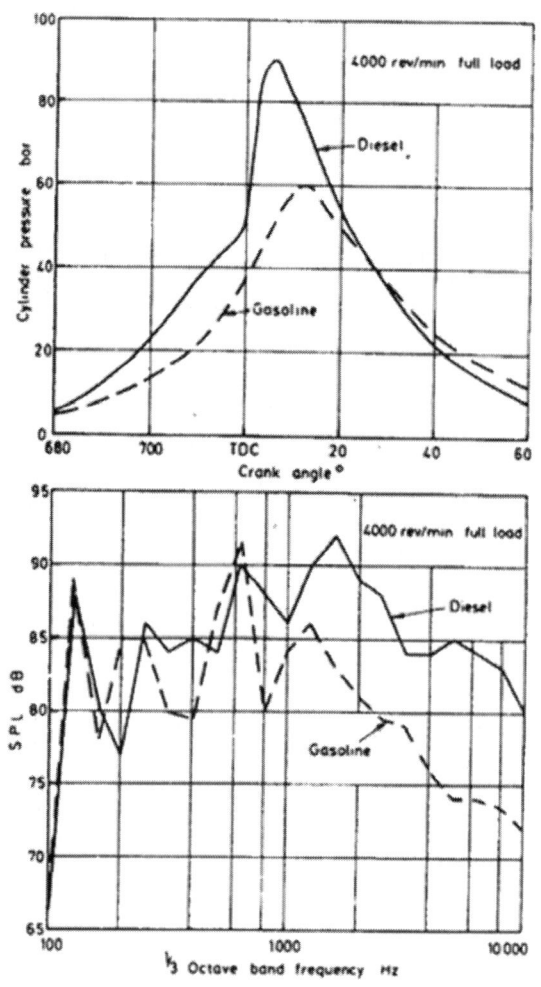

그림 <3-15> 연소압 및 엔진 표면 방사 소음의 주파수 특성 비교
(가솔린 엔진 vs. 디젤 엔진, 전부하 @ 4000rpm)

나. 엔진 연소와 엔진 성능 영향 인자와의 관계

연소 소음에 크게 영향을 미치는 연소 최고압 p_{max} 및 압력 상승률 $dp/d\theta$ 를 떨어뜨리는 일은 현편으로 한편으로는 냉각 손실 효율 및 기계 효율의 개선에도 기여하는 일이 되지만 일반적으로 흔히 출력 성능의 저하와 결부시켜서 생각하게 된다.

엔진의 정숙화는 배기 매연, 배기 가스 냄새 또는 NOx 농도의 개선에도 기여할 수 있는 것이다. 예를 들어, 예연소실식 엔진일 경우에는 주로 예연소실내의 작동 가스 온도, 공기 과잉율에 의하여 NOx 의 생성이 지배되는 것으로 생각되지만 정숙한 연소는 연소실 내에서의 국부적인 고온과 공기 과잉 상태가 생기는 것을 방지하는 것이 되므로 그런 결과로서 NOx 의 생성이 낮게 되는 것이다. 정숙한 연소를 하면 엔진 소음의 저하와 동시에 NOx 농도까지 저하시키는 것이 된다.

다. 엔진별 소음 수준 및 특성 비교

1) 가진원의 소음특성 비교

그림 <3-16>은, 가솔린 엔진과 디젤 엔진의 연소압의 특성 및 다른 가진원의 소음 특성을 단순화하여 보여주고 있다. 그림 <3-16>(a)는 크랭크각에 따른 연소압 특성에서 이전의 경우와 마찬가지로 p_{max} 및 TDC 전후의 $dp/d\theta$ 에서 큰 차이를 보이고 있다.

그림 <3-16> (b)는 고주파 영역에서의 주파수 특성을 정량화여 비교하고 있다. 즉, 가솔린 엔진의 연소압은 고주파 영역에서 주파수 증가에 따라 연소 가진력의 크기가 급격히 감소하나, 디젤 엔진의 경우는 이보다 낮은 감소를 보이고 있어 디젤 엔진에서의 연소가 고주파 영역의 소음 에너지를 많이 가지고 있음을 보여주고 있다. 다른 엔진 부품에 대해서도 같은 개념으로 관찰하면 그들에 대한 소음 특성을 이해하기가 용이하다.

그림 <3-16> (c)는 가진원의 회전수에 따른 소음 증감 경향을 보여주고있다. 이는 엔진 회전수 증가에 따라 가솔린 엔진의 경우가 디젤 엔진 대비 엔진 소음 증가율이 높음을 보여주고 있다.

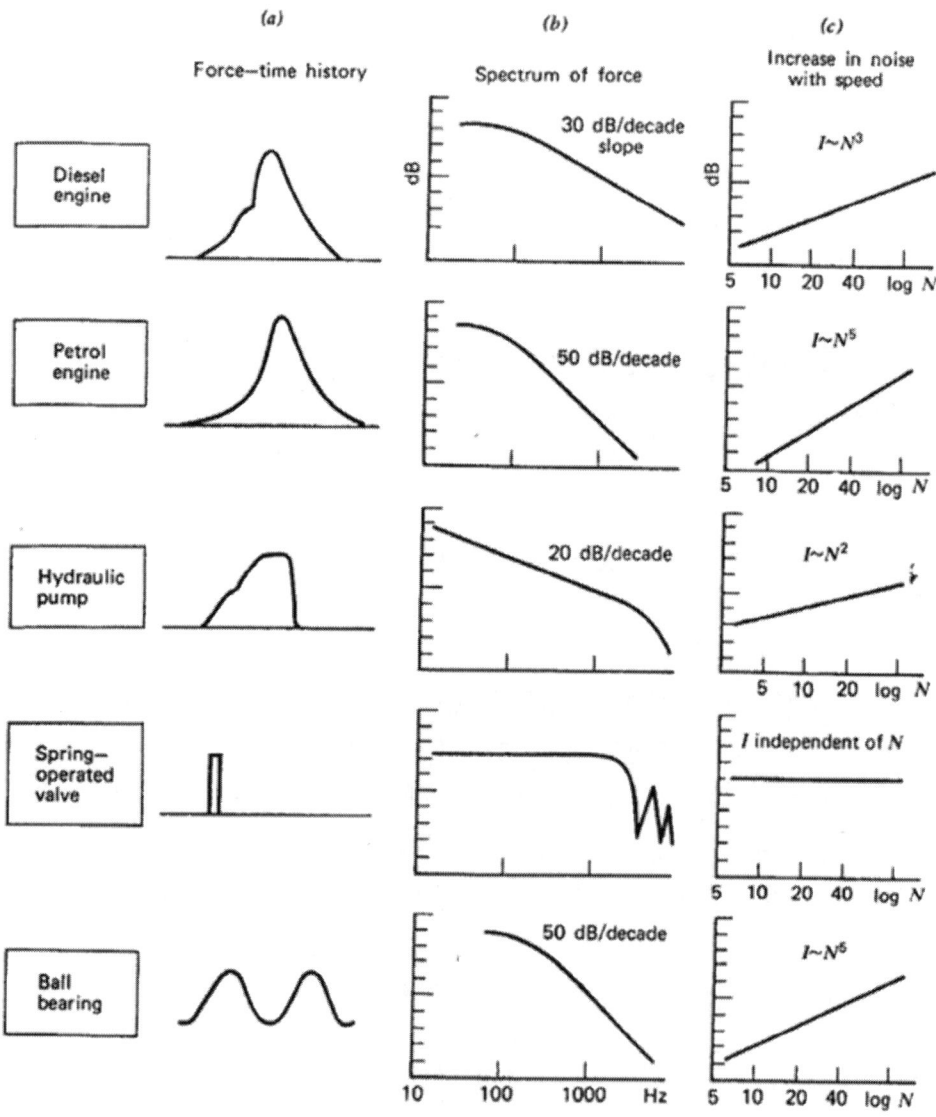

그림 <3-16> 가진력의 시간/주파수/회전수에 따른 특성 비교

2) 엔진 특성별 소음 수준 비교

그림 <3-17>는 엔진 특성별 소음 수준의 차이를 보여주고 있으며, 이 그림은 1980년대 초반에 정리되었기 때문에 현재 개발 중인 또는 양산 중인 엔진 소음 수준과는 상당한 차이를 보이고 있지만 엔진소음 크기에 따라 다음과 같이 정리되며, 수준 및 수준차에 차이가 있을 뿐 일반적인 상대적 엔진 소음 수준차에 대한 개념 파악에 매우 유용한 자료이다.

· 고출력 디젤엔진 > 저출력 디젤엔진
· 직접분사식(DI) 디젤엔진 > 간접분사식(IDI) 디젤엔진
· IDI 디젤엔진 > 가솔린엔진

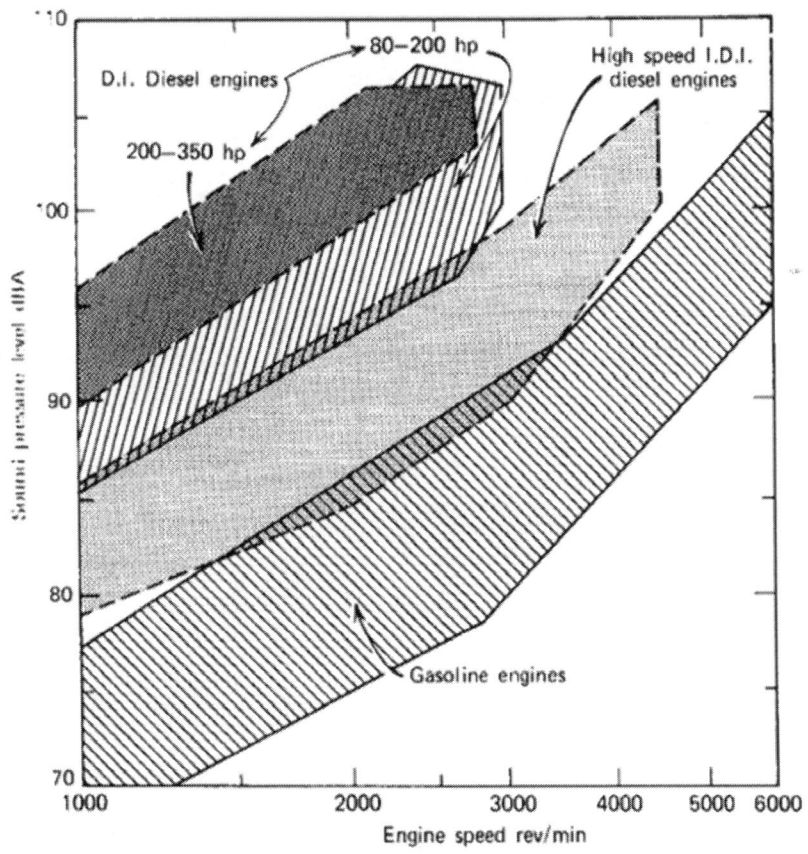

그림 <3-17> 엔진 특성에 따른 소음 수준 비교]

3) 연소압/엔진 회전수에 따른 엔진 소음 수준 비교

그림 <3-18>과 그림 <3-19>은 연소압 상승률 ($dp/d\theta$) 및 최대 연소압 (p_{max})과 엔진 소음 특성을 각각 보여주고 있다. 엔진 소음 에너지 (I)는 연소압 (p)과 다음과 같은 관계를 갖는다.

$$I \propto [p_{max}(\frac{dp}{d\theta})_{max}]^2$$

엔진 소음 에너지 (I)는 연소압 (p)의 관계로부터 계산된 결과는 그림 <3-18>과 그림 <3-19>의 평균선을 나타낸다. 그림 <3-18>와 그림 <3-19>은 엔진 개발시 NVH 측면에서 엔진 연소 특성을 어떤 방향으로 이끌어야 되는지에 관하여 잘 설명해 주고 있다.

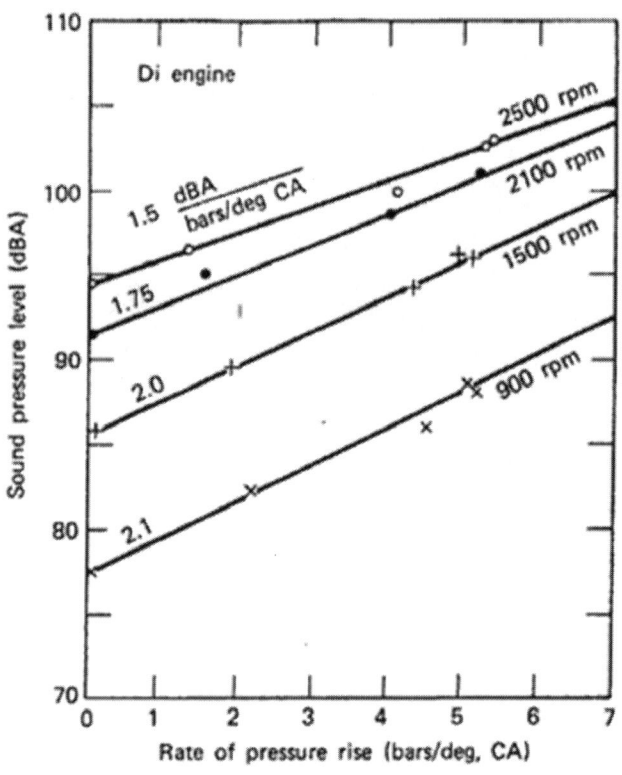

그림 <3-18> 엔진 소음과 ($dp/d\theta$)$_{max}$ 와의 관계

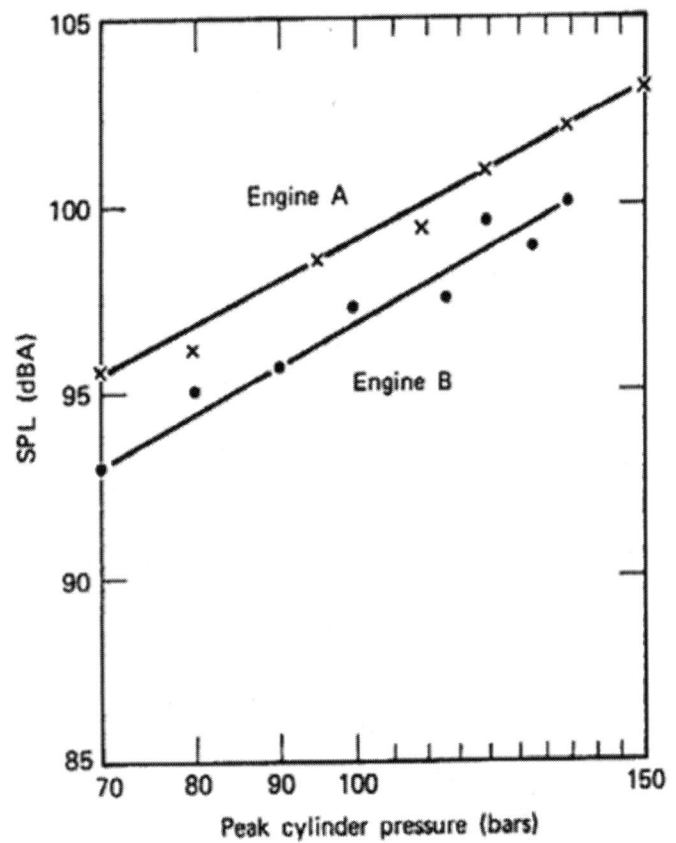

그림 <3-19> 최대 연소압 (p_{max})에 따른 엔진 소음 비교

4) 엔진 가열 상태에 따른 소음 수준

그림 <3-20>은 엔진 운전 조건(냉각 상태 혹은 온간 상태, 정속 상태 혹은 가속 상태)에 따른 엔진 소음 수준의 추이를 보여주고 있다. 엔진 가속은 180~1800/sec 로 수행한 것이다. 냉간시 엔진 소음은 정속 상태 대비 엔진 가속 상태에서 약 5 [dBA] 만큼 높은 소음 수준을 보이고 있다. 그러나, 온간시는 엔진의 정속과 가속 상태에 따라 엔진 소음은 1 [dBA] 수준만큼의 차이를 보이고 있다.

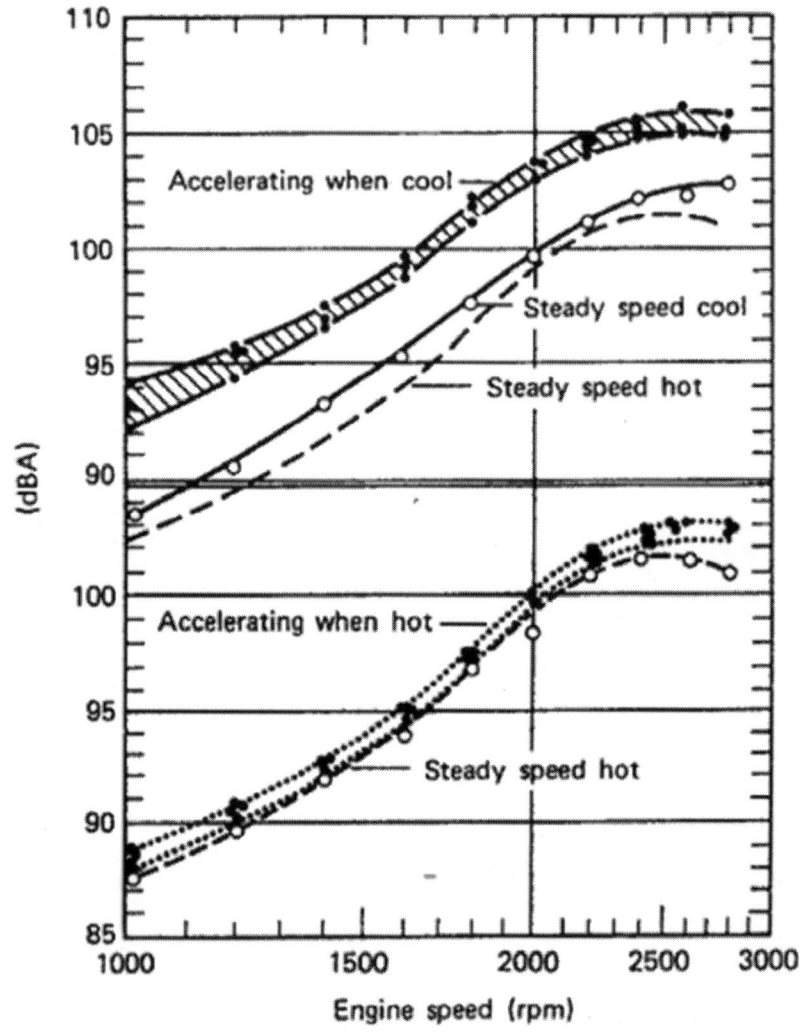

그림<3-20> 엔진 가열상태와 엔진 운전상태에 따른 엔진소음

3.5 흡기계 소음

가. 흡기계의 개요

흡기계 구성은 흡기 valve 로 부터 시작하여 Intake manifold, surge tank, throttle body, Air hose, Air cleaner box, Air duct 와 소음 제어 요소인 resonator, 1/4 파장관등으로 이루어진다.

흡기계 역할은 신선한 외기를 엔진으로 공급하고 엔진에서 발생하는 소음을 제어한다.

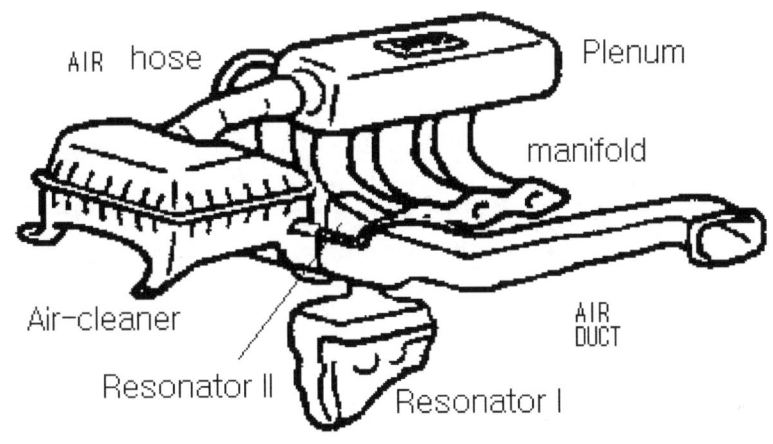

그림 <3-21> 흡기계 구성도

나. 흡기소음의 기여도

외부소음에서 약 30% 정도 기여함. 실내소음에서 정량적인 기여도를 나타내기를 어렵지만 아무런 제어가 되지 않은 흡기계를 튜닝한 아후 실내소음이 5~10dB 감소함.

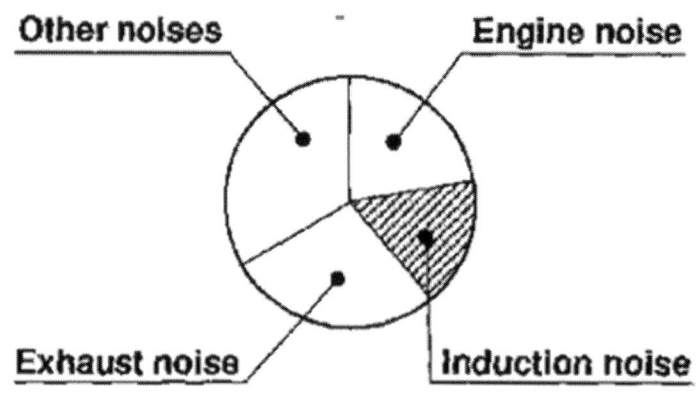

그림 <3-22> 흡기 소음의 외부소음 기여도

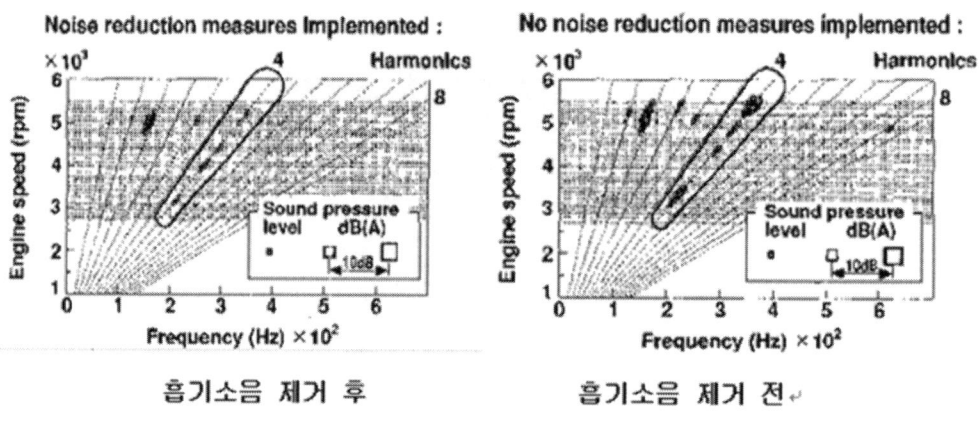

흡기소음 제거 후   흡기소음 제거 전

그림 <3-23> 흡기계의 실내소음 기여도

다. 흡기계 설계의 주안점

1) 흡기계 설계 항목

    흡기계 전체 길이, Hose, Duct 직경
    AIR-CLEANER volume 및 형상, 위치
    소음제어요소(Resonator, 1/4 파장관, 확장 Chamber, porous duct) 위치
    및 volume
    토출구 위치

2) 설계 주안점

> 엔진성능과 밀접한 관계 -> Volumetric efficiency, 신기유입(흡기온도)
> 흡기계의 Layout -> Eng. Room Layout 상에 제약
> 예측능력 및 해석적 접근이 필수적임
> 초기 Layout 설정이 가장 중요한 요소임.

3) 흡기계 개발 프로세스

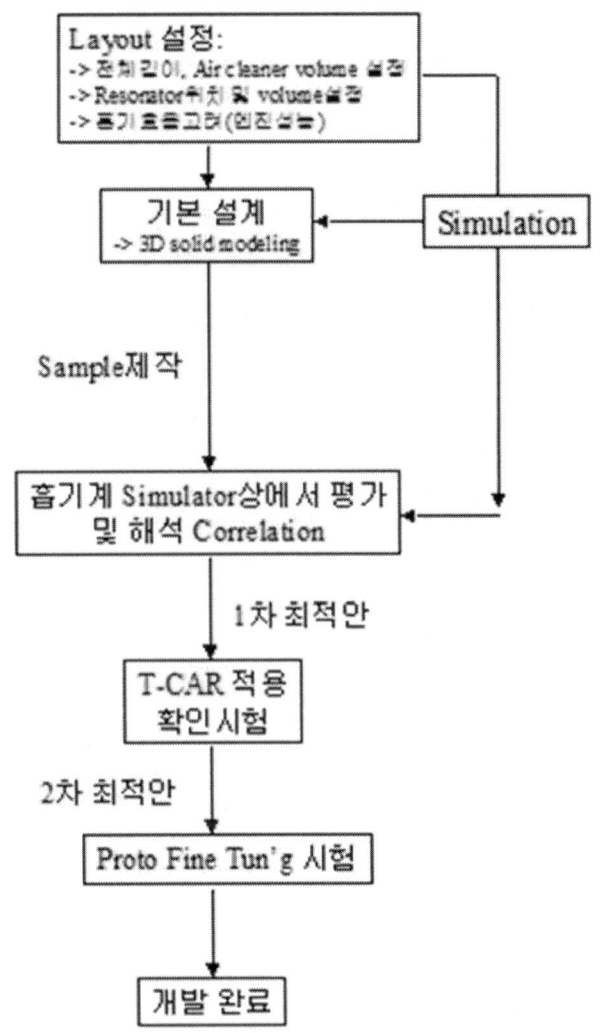

그림 <3-24> 흡기계의 개발 프로세스

라. 흡기계 이해를 위한 음향이론

가) Wave Equation

파동방정식(Wave Equation)은 음파의 전파과정을 나타내는 지배방정식으로 연속방정식(Continuity Equation), 운동량 방정식(Momentum Equation) 그리고 상태방정식(State Equation)으로부터 유도된다.

$$\nabla^2 p' + \frac{1}{c^2}\frac{\partial^2 p'}{\partial t^2} = 0 \qquad (3-4)$$

이식을 파동 방정식이라 부른다. 여기에서 c 는 미소압력 p 이 매질 내를 전파해 나가는 속도를 나타내며 곧 음속이다. 또한 이 파동방정식은 미소 속도량 v 및 미소 밀도량에 대하여도 성립한다.

p = pe^{jwt} 라고 가정하여 위의 (1-1)식에 대입하여 전개하면 다음 식을 도출할 수 있으며 이를 Helmholtz Equation 이라고 한다.

$$\nabla^2 p + \frac{w^2}{c^2} p = 0 \qquad (3-5)$$

$$\nabla^2 p + k^2 p = 0 \qquad (3-6)$$

여기에서 k 는 파수(wave number)이다. 이 파동방정식과 Helmholtz Equation 은 음향학에서 가장 기본 된 이론식이다.

나) Air Cleaner Box의 음향학적 이해
   1) 단순확장관형 Air Cleaner Box

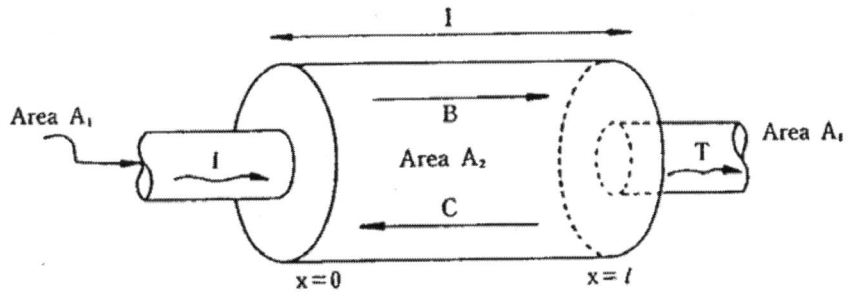

그림 <3-25> Air Cleaner Box의 상사모델

A/CLNR BOX는 그림 <3-25>와 같은 간단한 형태의 소음기로 Model'g 되며 이 소음기의 투과손실은 다음과 같다.

$$TL = 10\log_{10}[1+\frac{1}{4}(\frac{A_1}{A_2}-\frac{A_2}{A_1})\sin^2 kl] \qquad (3-7)$$

$\sin kl = \pm 1$ 일때 TL은 최대값을 갖고 $\sin kl = 0$ 일때 최소값을 갖는다.
즉, 방의 길이가 반파장 또는 그 정수배 만큼에 해당하는 주파수에서 최소가 되고, 길이가 1/4 파장 및 그 홀수의 정수배(1,3,5,..)에 해당하는 주파수에서 최대의 감쇠 효과를 얻게 된다. 또한 그 효율을 입구단 면적과 확장영역의 면적에 비례하게 된다. 그러므로 Air Cleaner Box의 설계에 있어서 확장비가 최대, 등가 길이가 최대가 될 수 있도록 설계하여야 주어진 Volume으로 최대의 소음 저감 효과를 기대할 수 있다.

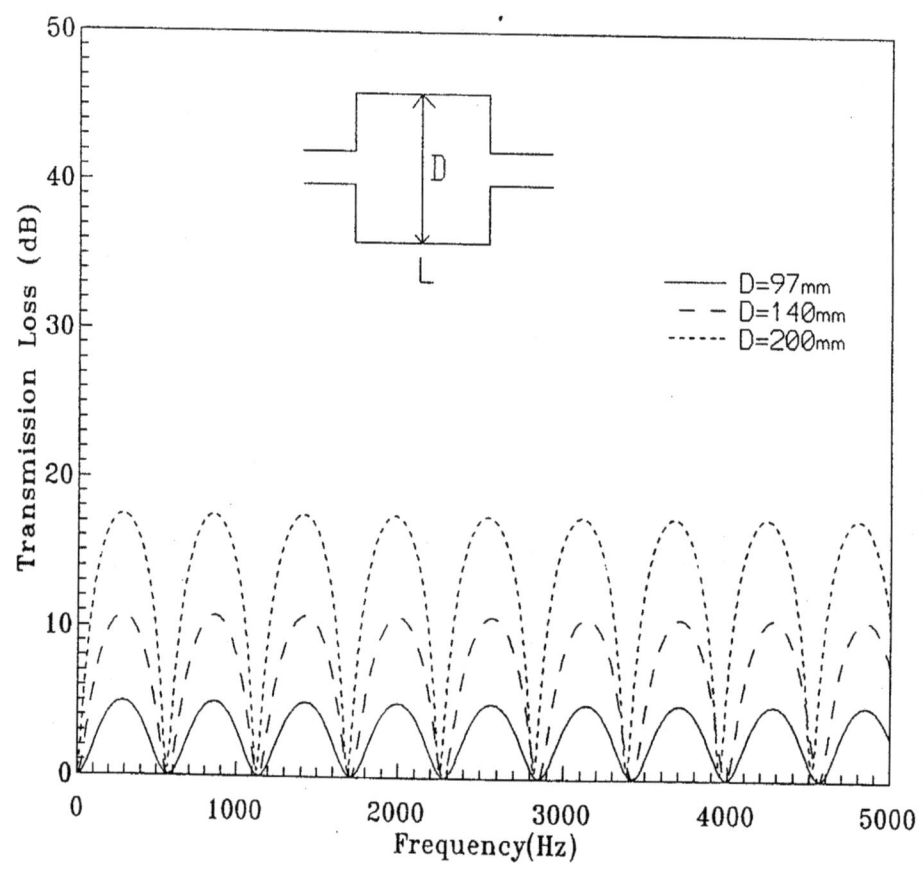

단순확장관의 직경에 따른 투과 손실의 변화
(L=300mm, 입·출구관의 직경=54mm, M=0, 온도구배=0)

그림 <3-26> 확장관 확장비와 길이에 따른 소음감소 효과

2) 삽입관형 Air Cleaner Box 의 음향학적 특징
 Air Cleaner Box 내에 삽입관을 설치 하였을 경우에는 음향 학적 특성이 단순확장형보다 좋아진다. 특히 특정 주파수 에서는 투과 손실의 큰 변화가 생기며, 이것은 삽입관의 길 이가 중요한 변수로 작용한다.

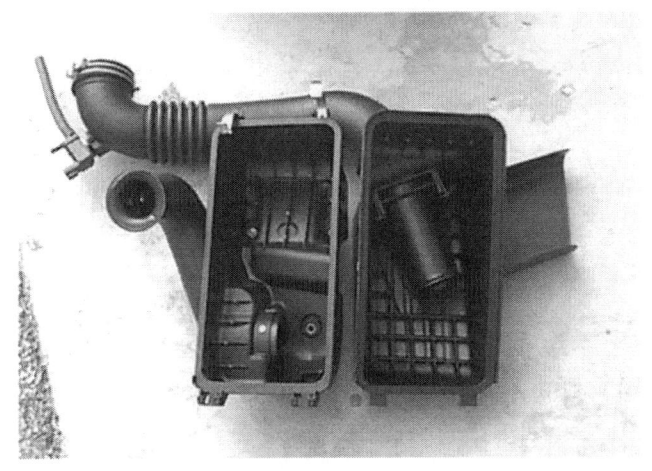

그림 <3-27> 삽입관형 Air Cleaner Box

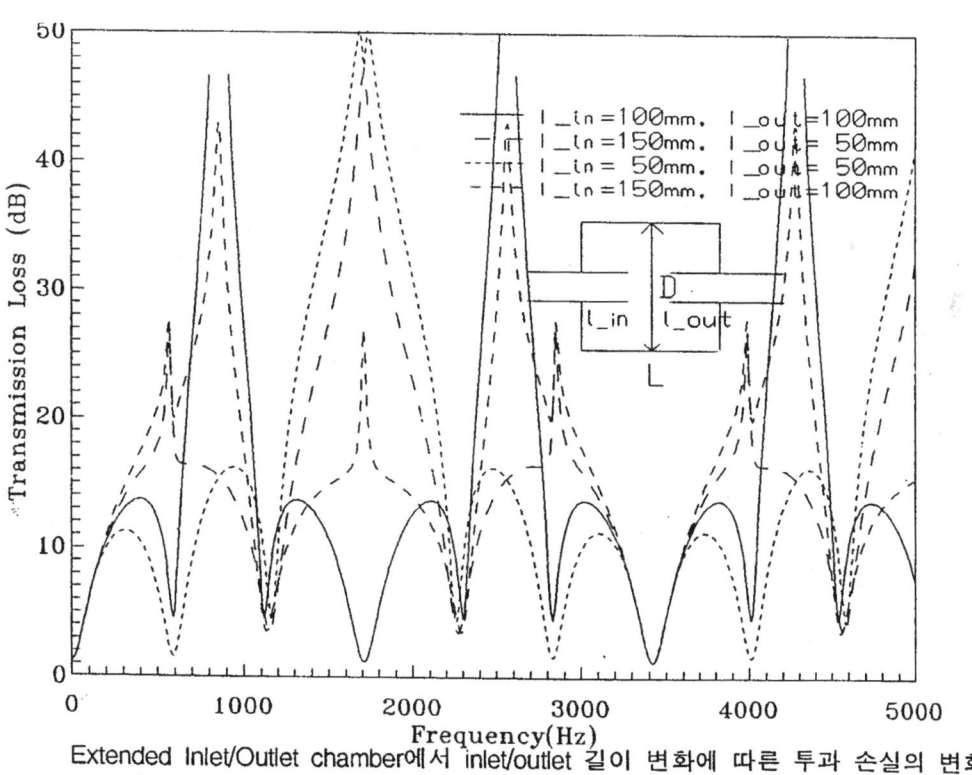

Extended Inlet/Outlet chamber에서 inlet/outlet 길이 변화에 따른 투과 손실의 변화
(D=140mm, L=300mm, 입·출구관의 직경=54mm, 온도구배=0, M=0)

그림 <3-28> 삽입관 길이와 Air Cleaner Box 소음저감특성

다) Helmholtz Resonator

Helmholtz Resonator 는 특정주파수를 제어하는 요소(Band pass filter 역할)로 그림 1-8 과 같이 짧은 목과 큰 부피를 갖는 용기가 붙어있는 것으로 구성된다.

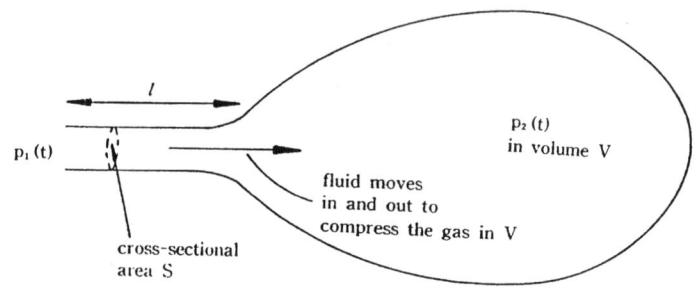

그림 <3-29> Helmholtz Resonator.

Resonator 의 제어 주파수는 다음의 식으로 결정된다.

$$f = \frac{c}{2\pi}\sqrt{\frac{S}{VL'}} \tag{3-8}$$

여기에서 C 는 음속이며, 목의 길이 l' 은 유효 길이로 다음의 식으로 결정된다.

$$L' = L + 2(0.85a) = L + 1.7a \quad (끝단\ Flanged)$$

$$L' = L + (0.85 + 0.6)a = L + 1.5a \quad (끝단\ Unflanged) \tag{3-9}$$

a 는 Neck 의 반경을 의미하고 이와 같이 보정항은, Neck 주위의 유체가 유효질량 ($m = \rho_o sL', L' = Effective length$) 을 갖고 있기 때문에 유효길이는 실제길이보다 길며 끝단이 Flange 냐 아니냐에 따라 그 보정치가 달라지게 된다. 또한 이 점은 Resonator 를 튜닝시 Hose

에 부착하지 않고 Resonator 를 타격했을 때의 음압의 피크점으로 주파수를 파악했을 때와 실제 Hose 에 장착에 주파수가 차이가 발생하게 되는 주요 원인이다. 그러므로 반드시 Hose 에 Resonator 를 장착한 이후에 주파수를 확인하여야 시행 오차를 줄일 수 있다.

(예) Volume 600cc, Neck Dia 50mm, Neck Length 40mm 인 Helmholtz Resonator 의 제어주파수는?

Flange 조건: 340.8Hz, Unflage 조건: 351.6Hz

Helmholtz Resonator 를 고찰할 때 Resonator 에서 중요한 것은 Resonator 의 모양이 아니라 부피임을 알 수 있고 용적이 파장보다 작고 Opening 이 크지 않은 경우 모양이 다르더라도 공명주파수는 S/L'V 에 비례한다.
러나 고차공명주파수는 기본주파수의 배수가 아니라 Cavity 에서의 Standing Wave 에 기인하므로 다르게 된다. 또한 고차모드가 발생하면 기본주파수의 소음저감 효과가 반감하게 되므로 되도록이면 구의 형태나 육면체에 가까운 형태로 Resonator 를 설계함이 바람직하다.
Helmholtz resonator 의 소음저감 효과 대역폭은 Quality factor Q 로 표현된다. 즉

$$Q = \frac{\omega_0}{\omega_2 - \omega_1} = 2\pi\sqrt{V(L'/S)^3} \qquad (3\text{-}10)$$

여기에서 ω_0 는 공진주파수, ω_2, ω_1 은 공진에서 에너지가 반으로 감소하는 주파수를 의미하다. 이 식에서 알 수 있듯이 Resonator 의 부피와 Neck 의 단면적과 길이비를 조절함으로 제어대역폭을 바꿀 수 있다. 그러나 제어주파수와 부피가 고정되면 단면적과 길이비가 고정되므로 제어대역폭을 바꿀 수 없게 된다. 소음제어 대역폭이 넓이기 위해서는 Q 값이 작아져야 하므로 L'/S 비가 작을수

록 효과적이다. 즉 Neck 의 단면적이 증대 되어야 하고 제어주파수는 고정되어 있으므로 부피가 증가하여야 한다.

이론적으로는 제어 주파수가 고정되면 부피가 커질수록 감쇠효과가 증대된다. 다음은 Helmholtz Resonator 의 전달손실식이다.

$$TL = 10\log_{10}\{1 + \frac{1}{4A^2}(\frac{c}{\omega V} - \frac{\omega L'}{cS})^{-2}\} \qquad (3\text{-}11)$$

라) 1/4 파장관

1/4 파장관은 그림 3-30 과 같은 형상으로, 끝단이 막힌 관의 공명현상을 이용하여 특정 주파수에서의 소음을 제어하는 요소이다.

그림 <3-30> 1/4 파장관(Side Branch)

그 원리로는 제어주파수의 음파가 1/4 파장관에 들어가서 끝단에서 반사되어 나오면서 1/4 파장관의 입구단에서는 180 도의 위상차이를 가져오므로 관의 진행파와 서로 상쇄되어 소음이 감소된다. 튜닝 주파수는 관의 길이의 함수로써 다음의 식으로 표현된다.

$$f_n = \frac{2n-1}{4}\frac{c}{L'} = \frac{2n-1}{4}\frac{c}{L+0.85a} \qquad (3\text{-}12)$$

여기에서 n 은 1,2,3 등의 정수이며 l 은 1/4 파장관의 길이, a 는 반지름, c 는 음속이다. 여기에서 0.85a 항은 Flange 된 끝단일 때 사용하는 끝단 보정(End Correction)항이다. 만일 Unflage 된 경우에는 0.6a 의 보정항을 사용한다. 일반적으로 차량 흡기 제어에서는 엔진룸의 공간적인 제한으로 인하여 300Hz 이상에서 사용된다.
마) Orifice 효과

Orifice 는 Duct 에 짧은 pipe 를 설치하여 저주파소음을 제어하는 요소로 High-Pass Filter 역할을 하게 된다. Orifice 의 직경 및 관의 길이에 따라 Cut-off 주파수가 결정된다. 전달손실은 다음의 식으로 표시된다.

$$TL = 10\log_{10}(1/T\pi) = 10\log_{10}(1 + [\pi a^2 / 2SL'k)]^2) \qquad (3-13)$$

Orifice 의 직경이 커질수록 Cut-off 주파수가 내려가게 된다. 흡기계에 있어서는 토출구의 저주파성분을 제어하기 위해서 사용가능하나 실내소음측면을 고려하여 종합적으로 적용하여야 한다. 그리고 Orifice 효과는 Resonator 나 에어 크리너 Box 의 Drain hole 에도 적용되므로 Resonator 제어 주파수가 계산식과 다르게 나타나는 원인이 된다. Resonator 에 Orifice 가 존재하면 제어주파수가 높아지게 된다. 그 양은 Hole 의 크기와 개수에 달려 있으므로 시험을 통한 확인이 필요하다.

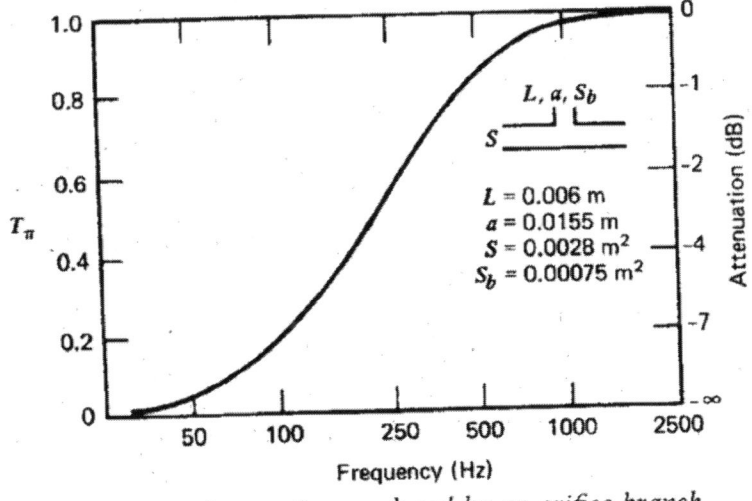

Attenuation produced by an orifice branch.

그림 <3-31> Orifice transmission coefficient

바) 확장관 및 축소관 효과

확장관과 축소관은 음향학적으로 Low-Pass filter 역할을 하게 된다. 이것은 kL << 1 일 때 적용되는 조건으로 L 이 증가하면 가.절에서 설명한 단순 확장관 역할을 하게 된다. 흡기계에서의 적용은 흡기 저항의 측면에서 불리 해지므로 주의해서 사용하여야 한다.

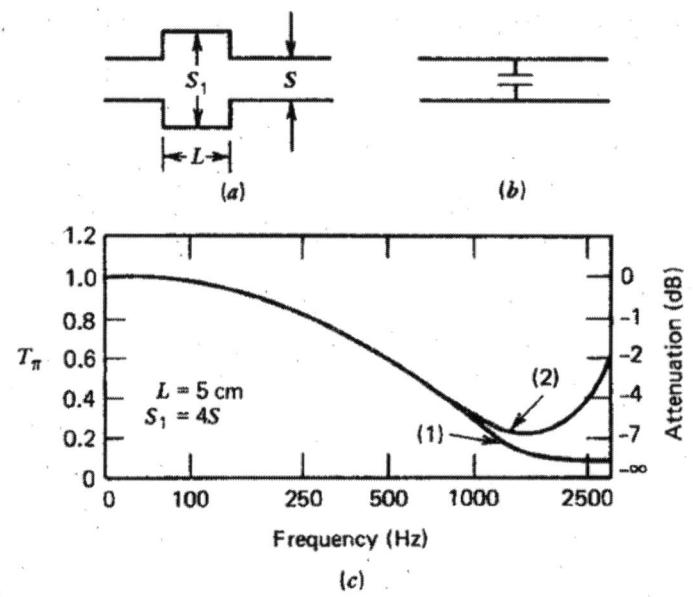

(a) Simple low-pass acoustic filter. (b) Analogous electrical filter. (c) Power transmission curves for filter (a).

그림 <3-32> 확장관의 Transmission coefficient

사) Porous duct

Porous duct(다공관)은 섬유질과 가는 철심으로 이루어진 관으로 벽이 기공을 가지고 있어서 공기입자의 마찰로 인하여 압력에너지를 열로 전환시켜 소음감소가 이루어진다. 기공도가 커질수록 토출음은 더 많이 감소시켜지만 벽을 통한 방사음은 더 많아지게 되므로 관 전체 소음에너지의 관점에서 최적의 기공도를 결정하여야 한다. 그림 <3-34>은 소음감소원리를, 그림 <3-35>~<3.37>는 기공도에 따른 토출음, 방사음, 관 전체 소음에너지의 변화를 나타냈다. Porous duct 설치의 최적위치로는 제어하고자 하는 소음대역의 정재파의 공기입자속도가 최대인 점에 위치할 때이다. 설치위치 설치 길이에 따라 다르지만 일반적으로 Porous duct 는 300Hz 이상의 주파수 소음제어에 효과적이다.

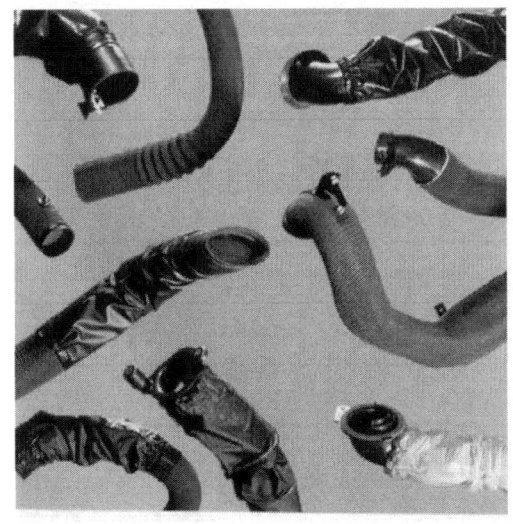

그림 <3-33> 여러 가지 Porous duct

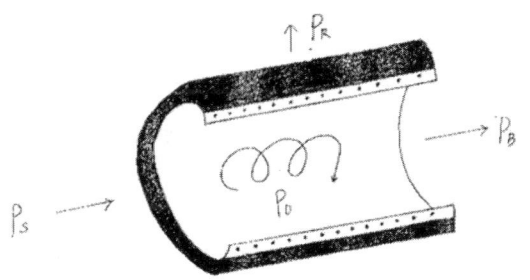

P_s = Inlet acoustic power
P_R = Radiated acoustic power
P_d = Dissipated acoustic power

$$P_S = P_R + P_D + P_B$$

그림 <3-34> 소음감소의 원리

그림 <3-35> Porous duct 의 기공도에 따른 토출음 감소량

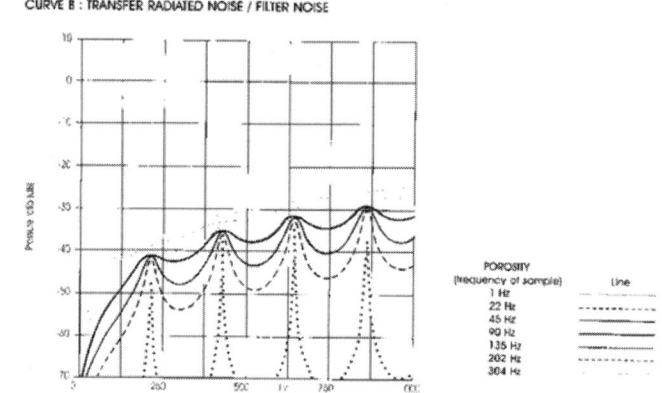

그림 <3-36> Porous duct 의 기공도에 따른 방사음 감소량

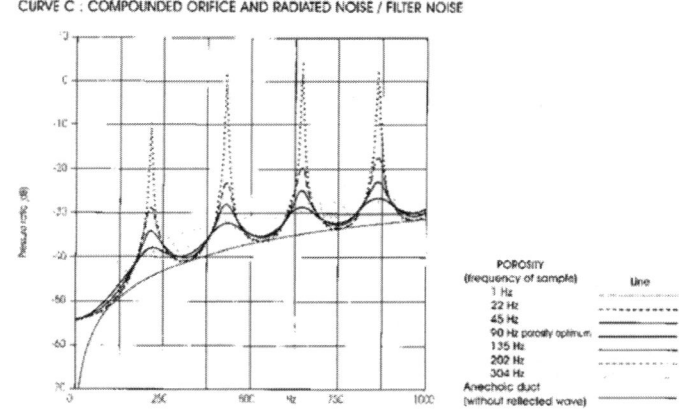

그림 <3-37> Porous duct 기공도에 따른 관 전체소음 감소량

아) 흡기계 해석에 있어서 온도와 유동속도의 영향
1) 유동 속도 영향

음향학적으로 유동속도에 의한 주파수변화는 $(1-M^2)$ 만큼 저주파로 피크가 이동시키는 것으로 알려져 있다. 흡기계에 있어서 최고 유속이 30m/sec 를 넘지 않으므로 최고 1%의 변화를 가져온다. 그러므로 일반적인 흡기계 해석에서는 유속효과는 무시하여도 된다.

2) 온도구배에 의한 영향
음향임피던스가 온도의 제곱근에 반비례하므로 입구단과 출구단의 온도구배가 크면 상온에서의 계산이 실차와 불일치하게 된다. 흡기계에 있어서 일반적인 주행조건에서 흡기구와 Trottle body 의 온도차이는 근소하므로 온도영향은 무시하여도 된다

자) 흡기계 소음발생 Mechanism
흡기계는 유동의 진행방향과 음파의 진행방향이 반대방향으로 움직인다. 음파의 주된 발생원인은 엔진 폭발음의 전파가 아니고 흡기 밸브 근처에서 발생하는 유동박리현상 때문이다. 즉 흡기 행정

시 흡기 밸브가 닫치는 순간에 유동의 박리(Separation)가 발생하며 이 때 생성된 압력파가 흡기다기관과 Surge tank 를 지나 토출구를 통하여 외부로 전달되다. 또한 흡기계 전체 System 의 음향공진과 소음제어요소에 의하여 증폭 혹은 감소된다. 그러므로 흡기계 소음원의 측면에서는 흡기 Cam-profile 과 흡기 다기관의 형상이 중요한 설계 요소이다.

마. 원리시험법

흡기계를 개발함에 있어서 실차에서 모든 System 을 튜닝하기에는 시간의 손실이 크다. 그러므로 원리시험을 통하여 최적의 System 을 구성한 후 실차 확인을 수행하여야 한다. 흡기계 특성을 표현하는 성능평가 계수로는 삽입손실(Insertion Loss), 소음저감량(Noise Reduction), 투과손실(Transmission Loss), 감쇠량(Attenuation)등이 있다.

가) 성능평가계수 정의
1) 삽입손실(IL : Insertion Loss)
소음기의 설치전후의 방사구에서의 **SPL** 의 차이 로 표현한다. 소음기 설치에 따른 실제의 소음감소효과를 나타낸다.

$$IL = L_{p1} - L_{p2} (dB) \qquad (3-13)$$

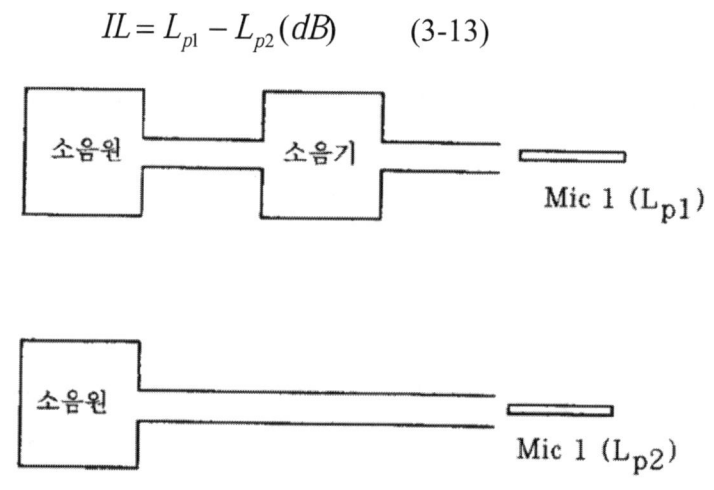

그림 3-38. 삽입손실

2) 소음저감량(NR : Noise Reduction)

소음기의 입구와 출구에서의 측정된 SPL(Sound Pressure Level) 의 차이 로 표현되며 각각 상류 및 하류에서 존재하는 반사파로 인하여 측정위치에 따라 다른 값이 얻어지는 단점이 있다. 계측의 편의성으로 인하여 TL 을 대신하기도 하다.

$$NR = L_{p1} - L_{p2} = 20\log_{10}\left|\frac{P_1}{P_2}\right| \tag{3-14}$$

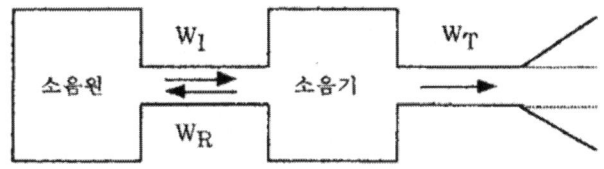

그림<3-39> 소음저감량

3) 전달손실(TL : Transmission Loss)

Input Power 에 대한 Output Power 의 비 로 표현되며 소음원에서 소음기로 음파가 입사할 때 일부는 음원 쪽으로 반사되며 일부는 소음기를 투과하여 하류쪽으로 진행한다. 투과손실은 하류쪽을 무반사처리(Anechoic Termination)한 상태에서 측정한 투과음향출력(W_T)에 대한 입사음향출력(W)의 비에 상용로그를 취한 후 10배를 해 준 값을 사용하므로 각 소음 제어요소의 음향학적인 특성을 매우 정확히 알아볼 수 있는 장점이 있다. 일반적으로 상류측에 두개의 Mic 를 설치하여 (Two Microhone Method)입사파와 반사파를 분리하여 입사파의 파워를 측정하고 방사구에서의 투과파의 파워를 측정하는 방법을 사용한다.(ASTM E1050)

$$TL = 10\log_{10}(\frac{InputPower}{OutputPower}) \tag{3-15}$$

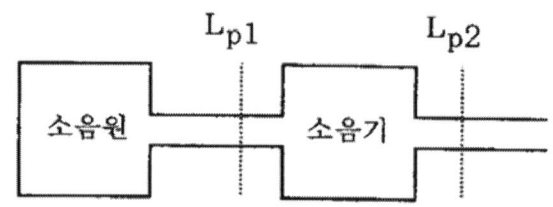

그림 <3-40> 투과손실.

4) 감쇠량(Attenuation)

감쇠량은 음향계의 두 지점에서 측정하는 음향출력의 차이 로 주로 흡음재료가 길이방향으로 연속적으로 분포하는 흡음덕트에서의 음향출력의 감소를 나타내는데 유용하다.

$$감쇠량 = L_{W1} - L_{W2} (dB) \qquad (3-16)$$

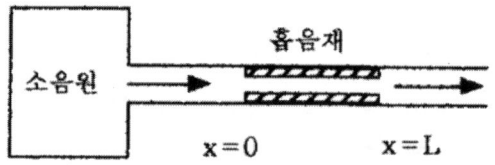

그림<3-41> 감쇠량

5) 투과손실과 소음감소량의 비교

흡기계 개발에 가장 많이 사용하는 성능평가 계수인 투과손실과 소음감소량을 비교하였다. 소음감소량은 전체적인 경향은 파악할 수 있으나 Mic 의 위치에 따라서 Peak 이동하므로 정확한 문제주파수를 파악함에 어려움이 있으므로 투과손실을 사용함이 바람직하다.

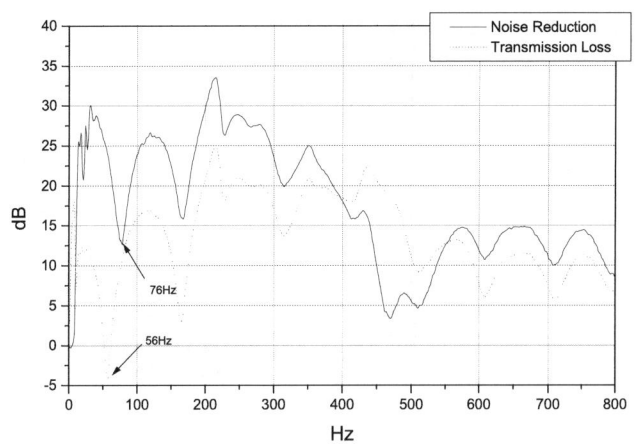

그림 <3-42> 투과손실과 소음감소량 비교

나) 원리시험장치

　흡기계 원리시험을 위한 시험장치는 그림 <3-43>와 같다. 토출구에 2개의 Microphone 과 무반사단을 설치하고 Intake manifold 의 한 Cylinder 에서 흡기 Valve 를 열고서 Speaker 를 설치하고 그 앞단에 2개의 Microphone 을 설치한다. 토출구와 Speaker 앞단의 각각 2개의 Microphone 으로 부터 Powerspectrum 과 Crossspectrum을 측정하여 "Two-microphone tube method"를 이용하여 투과손실을 계산한다.

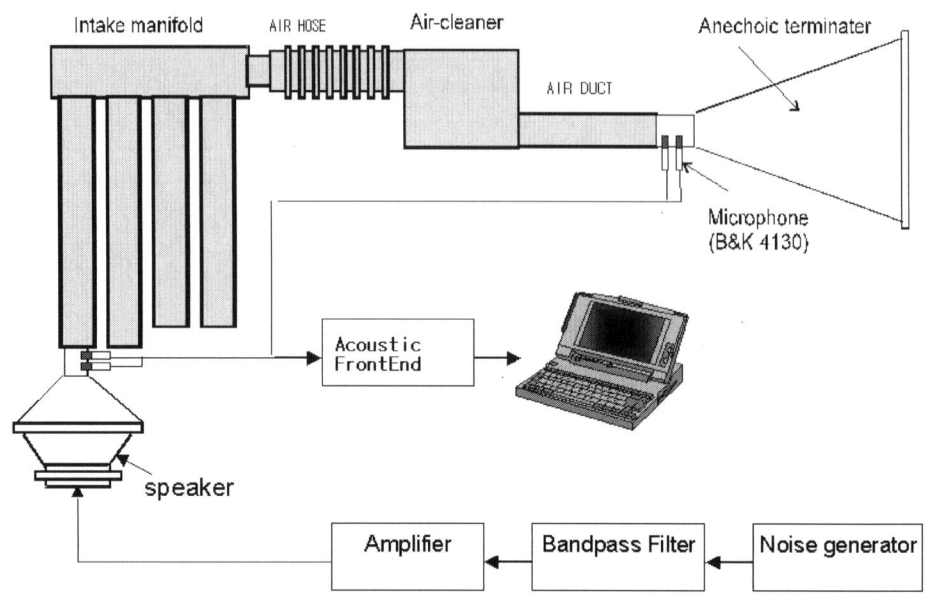

그림 <3-43> 흡기원리시험기 장치도

다) 투과손실 계산법

투과손실 계산을 위해서는 Mic 1 의 Powerspectrum S_{11}, Mic 2 의 Powerspectrum S_{22}, Mic1 과 2 의 Crossspectrum S_{12} 를 측정하여 아래의 식에 의하여 입사파(S_{AA})와 반사파(S_{BB})를 분리한다.

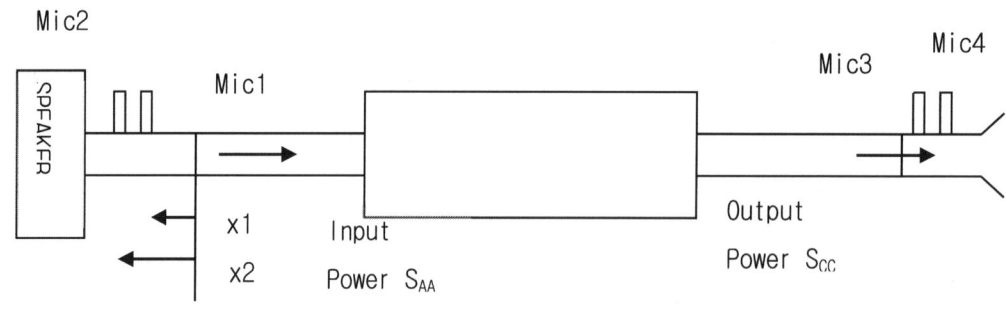

그림 <3-44> 투과손실 계산법

$$\tilde{S}_{AA}(f) = [\tilde{S}_{11}(f) + \tilde{S}_{ss}(f) - 2\tilde{C}_{12}(f)\cos k(x_1 - x_2) + 2\tilde{Q}_{12}\sin k(x_1 - x_2)]/4\sin^2 k(x_1 - x_2)$$
$$\tilde{S}_{BB}(f) = [\tilde{S}_{11}(f) + \tilde{S}_{ss}(f) - 2\tilde{C}_{12}(f)\cos k(x_1 - x_2) - 2\tilde{Q}_{12}\sin k(x_1 - x_2)]/4\sin^2 k(x_1 - x_2)$$
$$\tilde{C}_{AA}(f) = [-\tilde{S}_{11}(f)\cos 2kx_2 - \tilde{S}_{22}\cos 2kx_1 + 2\tilde{C}_{12}\cos k(x_1 + x_2)]/4\sin^2 k(x_1 - x_2)$$
$$\tilde{Q}_{AA}(f) = [-\tilde{S}_{11}(f)\sin 2kx_2 + \tilde{S}_{22}\sin 2kx_1 + 2\tilde{C}_{12}\sin k(x_1 + x_2)]/4\sin^2 k(x_1 - x_2)$$

(3.17)

같은 방법으로 Mic 3 과 4 의 입사파와 반사파를 분리하면 아래의 식에 의해서 전달손실을 계산한다.

$$TL(dB) = 10\log[\frac{\tilde{S}_{AA}(f)}{\tilde{S}_{CC}(f)}] \tag{3.18}$$

관의 직경과 두 Mic 사이의 거리에 의하여 입사파와 반사파가 불리 될 수 있는 주파수의 한계가 결정되므로 주의하여야 한다. 자세한 내용은 Reference 를 참고 바란다.

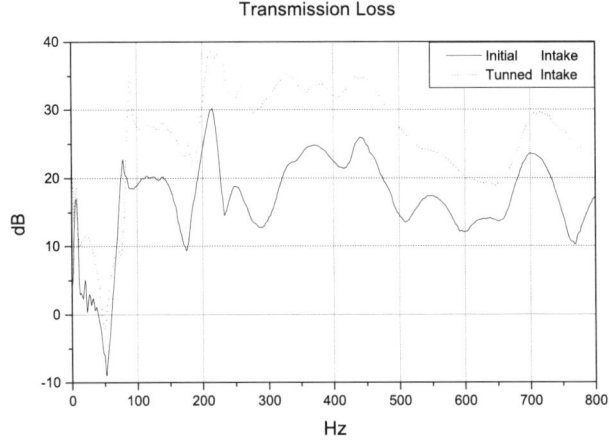

그림 <3-45> 원리시험법을 통한 흡기계 개선(전달손실)

라) 원리시험과 실차시험 비교
다음은 실차 개발 과정에서 원리시험을 통하여 최적의 흡기 System 을 구성하여 최종적으로 실차에서 평가한 결과이다. 원리시험상에서 나타난 흡기음 Peak 가 실차에서도 동일한 주파수에서 발생하였고 원리시험상의 개선 결과가 실차에서도 반영됨을 확인할 수 있다.

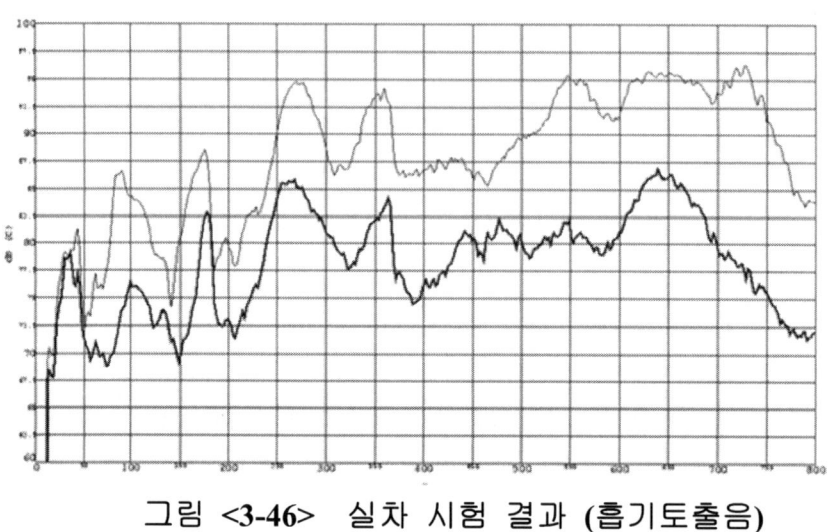

그림 <3-46> 실차 시험 결과 (흡기토출음)

바. 흡기계 해석법 I (전달행렬법 혹은 4단자 정수법)

가) 전달행렬법 (Transfer matrix method)

전달행렬법은 전기계에서 사용하고 있는 임피던스 개념을 도입하여 음향의 전달특성을 모델링하는 방법으로서 행렬의 계산이 간단하고 임의의 형태로 조합된 음향계에 적용할 수 있어 많이 이용되고 있다. 또한 음향계를 각 요소별로 모델링하여 전체계를 구성하므로 설계 변경에 용이한 방법이다.

전달행렬법에서 사용되는 두개의 상태변수는 음향 요소 양면의 음압 p 와 입자속도 v 를 사용하고 양면의 조건에 따라 전달행렬 계수(four-pole parameter)를 구할 수 있다.

$$\begin{Bmatrix} p_r \\ v_r \end{Bmatrix} = \begin{bmatrix} Transfer matrix \\ 2 \times 2 \end{bmatrix} \begin{Bmatrix} p_{r-1} \\ v_{r-1} \end{Bmatrix} \qquad (3\text{-}19)$$

여기서, $\{p_r \ v_r\}^T$ 는 입구점 r 에서의 상태 벡터이고 $\{p_{r-1} \ v_{r-1}\}^T$ 는

출구점 r-1 에서의 상태 벡터이다. 그림 5-1 은 전달행렬법에 대한 개략적인 개념도이다. 여기서, Z_s는 음원임피던스(source impedance)이고 Z_r은 방사임피던스 (radiation impedance)이다. 여기서, 전달행렬을 다음과 같이 놓으면, 각 전달행렬계수는 다음과 같이 구할 수 있다.

$$\begin{Bmatrix} p_2 \\ v_2 \end{Bmatrix} = \begin{bmatrix} T_{11} & T_{12} \\ T_{21} & T_{22} \end{bmatrix} \begin{Bmatrix} p_1 \\ v_1 \end{Bmatrix} \qquad (3\text{-}20)$$

$$p_2 = T_{11} p_1 + T_{12} v_1$$
$$v_2 = T_{21} p_1 + T_{22} v_1$$

$$T_{11} = \frac{p_2}{p_1}\bigg|_{v_1=0}, \qquad T_{12} = \frac{p_2}{v_1}\bigg|_{p_1=0}$$
$$T_{21} = \frac{v_2}{p_1}\bigg|_{v_1=0}, \qquad T_{22} = \frac{v_2}{v_1}\bigg|_{p_1=0}$$

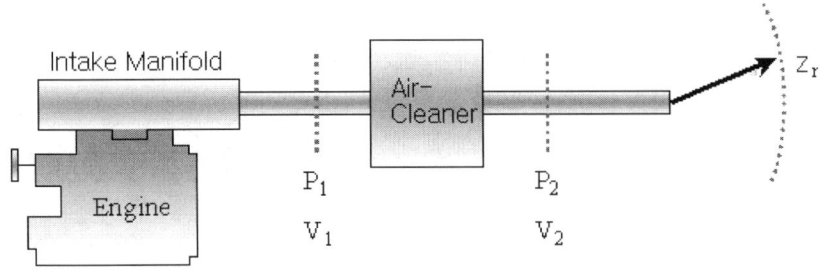

(a) Basic model of an acoustic system

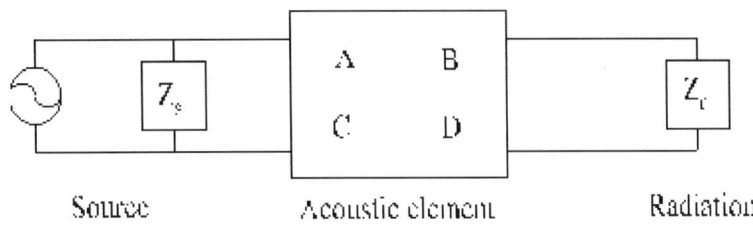

(b) Electro-acoustic analogy system

그림 <3-47>　Physical model and impedance analogy

나) 흡기계의 기본 모델

흡기계를 구성하는 음향 요소는 여러 형태의 직관과 확장관 및 수축관 그리고 분지요소로 크게 구분된다. 그 각각의 결합을 통해 나타나는 부정합이 음향에너지를 반사 또는 손실시켜 소음이 감소되게 된다. 이들 요소의 전달행렬을 구성하는 것은 전체적으로 결합된 음향 요소의 소음 성능 예측을 용이하게 한다. 각 음향요소에 대한 전달행렬과 그 형태는 다음과 같다.

1) 직관 (straight pipe) (그림 3-20(a))

직관은 단면적 변화가 없는 관을 말하며 에너지손실은 없으나 자체의 주파수 특성을 갖는다.

$$\begin{Bmatrix} p_1 \\ v_1 \end{Bmatrix} = e^{-jMk_cl} \begin{bmatrix} \cos k_c l & jY \sin k_c l \\ (j/Y)\sin k_c l & \cos k_c l \end{bmatrix} \begin{Bmatrix} p_2 \\ v_2 \end{Bmatrix} \quad (3\text{-}21)$$

2) 단순 확장관 및 수축관 (그림 3-20 (b), (c))

Air Cleaner 와 같이 확대 단면이나 축소 단면의 경우, 그 경계에서는 압력과 온도의 변화가 없으므로 단위행렬로서 전달행렬을 구한다. 이 두 가지는 함께 존재할 경우 그 단면적이나 길이에 의한 주파수 특성이 나타나게 되고, 단면적 변화에 따라 에너지의 손실이 발생한다.

$$\begin{Bmatrix} p_1 \\ v_1 \end{Bmatrix} = \begin{bmatrix} 1 & 0 \\ 0 & 1 \end{bmatrix} \begin{Bmatrix} p_2 \\ v_2 \end{Bmatrix} \quad (3\text{-}22)$$

3) 분지요소 (branch element)

분지요소는 공명기나 그림 3-20(d), (e)와 같이 직관이 확장관에 연결되어 공명기의 기능을 갖는 경우를 말하며 분지임피던스를 갖는 전달행렬로 표현될 수 있다.

$$\begin{Bmatrix} p_1 \\ v_1 \end{Bmatrix} = \begin{bmatrix} 1 & 0 \\ 1/z_e & 1 \end{bmatrix} \begin{Bmatrix} p_2 \\ v_2 \end{Bmatrix} \qquad (3\text{-}23)$$

Inlet & Outlet pipe 임피던스

$$z_e = -jY_0 \cot k_0 l \qquad (3\text{-}24)$$

4) Helmholtz Resonator

Helmholtz Resonator 는 저주파 소음을 저감시키는 고유의 특성 때문에 자동차 흡기계에 널리 사용 되고 있다. Helmholtz Resonator 이론은 한쪽의 단열 압축된 체적과 다른 한쪽의 가진부 사이 즉, 목 내부의 공기 덩어리가 뉴튼 제 2 법칙을 적용한 것으로 조정된 공명 주파수와 일치하는 특정 소음을 저감시킨다. 일반적으로 공명 위치에서 이론과 실험과의 오차는 다차원적인 효과를 단일변수로 줄이기 때문이며 특히 공명기의 사양이 파장의 5 ~ 10%에 이르면 큰 영향을 받는다. 이들 차이는 목 양쪽의 분리성분으로 구성된 보정값을 실제 연결 길이에 더함으로써 보상된다. 일정 음압과 연결된 덕트 내의 체적 유동의 보존을 가정하고, 점성효과를 무시하며 체적과 목 내부의 파동을 포함시키면 공명기의 전달손실은 다음과 같다.

$$TL(dB) = 10\log_{10}\left[1 + \left(\frac{A_c}{2A_p}\frac{\tan kl_c + \frac{A_v}{A_c}\tan kl}{1 - \frac{A_v}{A_c}\tan kl_c \tan kl}\right)^2\right] \qquad (3\text{-}25)$$

여기서, A_v 는 체적의 단면적이고, A_c 는 목단면적, A_p 는 관 단면적, l_c 는 목길이, l 은 관 길이, λ 는 파장, $k = 2\pi/\lambda$ 는 파수이다. Helmholtz Resonator 의 전달손실은 식(3-25)에서 분모가 무한대가 될

때 0이 되므로 공명 위치에 대한 표현은 다음과 같다.

$$\tan k_r l_c \tan k_r l = \frac{A_c}{A_v} \qquad (3\text{-}26)$$

짧은 목에 대해서 $k_r l_c \ll 1$ 과 $\tan k_r l_c \approx k_r l_c$ 이면 식(3-26)는 다음과 같다.

$$\left(\frac{A_v}{A_c}\right) k_r l_c = \cot k_r l \qquad (3\text{-}27)$$

또는

$$\left(\frac{A_v}{A_c}\right)\left(\frac{l_c}{l}\right) k_r l_c = \cot k_r l \qquad (3\text{-}28)$$

체적이 파장보다 훨씬 짧다면 즉, 이 $k_r l_c \ll 1$ 또는 $\cot k_r l_c \approx 1/k_r l_c$ 이면 식(3-27)는 다음과 같다.

$$f_r = \frac{c_0}{2\pi}\sqrt{\frac{A_c}{l_c V}} \qquad (3\text{-}29)$$

5) 1/4 파장관 (Quarter wavelength resonator)

1/4 파장관은 직관 분지 요소 중 한쪽이 막혀있는 경우로서 관 길이가 튜닝 주파수의 1/4 파장에 해당하는 주파수를 상쇄시키는 기능을 한다. 이에 대한 음향 임피던스는 식 (3-30)과 같고 여기에 식 (3-31)이 연결부 방사임피던스를 더하면 식(3-32)의 분지 임피던스를 구할 수 있다.

$$\zeta_{rigidend} = -jY_0 \cot k_0 l \qquad (3\text{-}30)$$

$$R = Y_0 \frac{k_0^2 r_0^2}{2} \qquad (3\text{-}31)$$

$$z_r = -jY_0 \cot k_0 l + Y_0 \frac{k_0^2 r_0^2}{2} \qquad (3\text{-}32)$$

(a) Straight pipe

(b) Sudden contraction   (c) Sudden expansion

Inserted contraction   (c) Inserted expansion

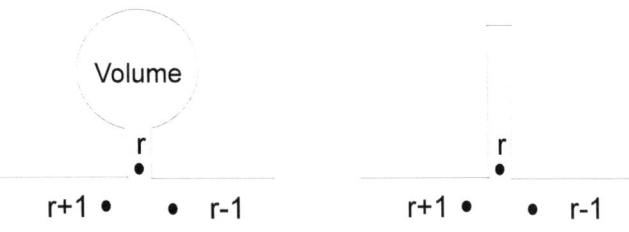

(e) Helmholtz resonator   (f) Quarter wavelength resonator

그림 <3-48> Basic elements of simple acoustic system

다) 전달행렬법 해석 프로그램 결과

그림 <3-49>은 해석한 흡기계의 전달손실과 시험결과이다.

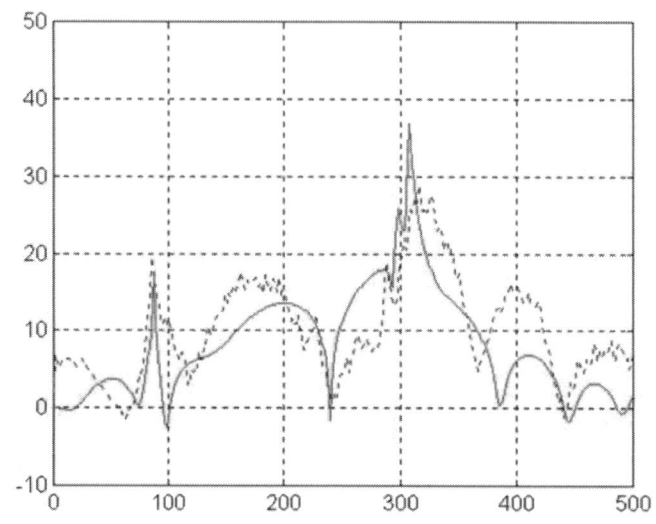

그림 <3-49> 전달행렬법을 이용한 흡기계 해석

사) 흡기계 해석법 II (BEM, FEM)

전달행렬법은 1차원 해석법으로 초기 개념설계에 유용한 개발 Tool 이다. 그러나 복잡한 형상을 가지는 흡기계를 해석하기 위해서는 경계요소법(BEM)이나 유한요소법(FEM)이 적합하다. 이 방법은 설계의 3차원 CAD data를 Mesh 작업을 하여 해석 Solver를 이용하여 음압이나 입자속도를 추출하게 된다. 경계요소법(BEM)은 유한요소법(FEM)과 달리 경계면 만을 모델링하기 때문에 모델작성이 간단하며 흡기계의 토출구와 같이 내부와 외부가 모호한 경계조건을 표현하기에 적합한 해석 방법이다. 그러나 System matrix 가 매우 크며 Band 화 되지 않으므로 계산시간이 많이 소요된다. 유한요소법(FEM)에서는 토출구에 무한공간의 음향 임피던스 경계조건을 부가하거나 Infinite element 를 사용하여 처리하여야 한다. 음향 유한요소법(FEM) tool 로는 NASTRAN, ANSYS, SYSNOISE 등의 상용 CODE

가 있으며 경계요소법(BEM) tool 로는 SYSNOISE, COMET 등이 있다.

 그림 3-39 은 SYSNOISE 에서 해석한 흡기 System 의 결과이다. 모델링 기법으로는 흡기 Valve 에서 단위 Volume velocity 를 가진원으로 부가하여 토출구에서의 음압을 계산한다. 전달손실 계산을 위해서는 가진원 부근에서의 한점의 음압과 입자속도를 P_1, V_1 토출구에서의 음압과 입자속도를 P_2, V_2 를 추출 하여야 하며 다음의 식으로 계산한다.

$$TL = 10\log_{10}(\frac{S_1}{S_2}\frac{|P_1 + \rho_0 c V_1|^2}{|P_2 + \rho_0 c V_2|^2}) \qquad (3\text{-}33)$$

 여기에서 S1, S2 는 가진단에서의 단면적, 토출구에서의 단면적을 의미한다. 그리고 입자속도는 관의 축방향성분이다.
 경계요소법(BEM)을 통한 개선방향으로 토출음 예측을 통한 최적 흡기 Layout 선정, 문제 주파수선정 및 소음 저감대책(Resonator 위치 및 주파수 최적화)등이 있다.

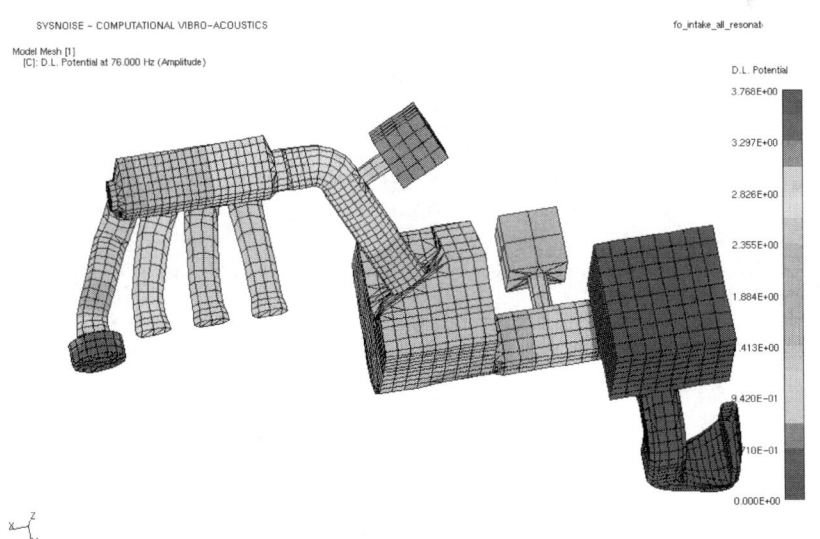

(a) 경계요소법(BEM) 모델링 및 음압분포

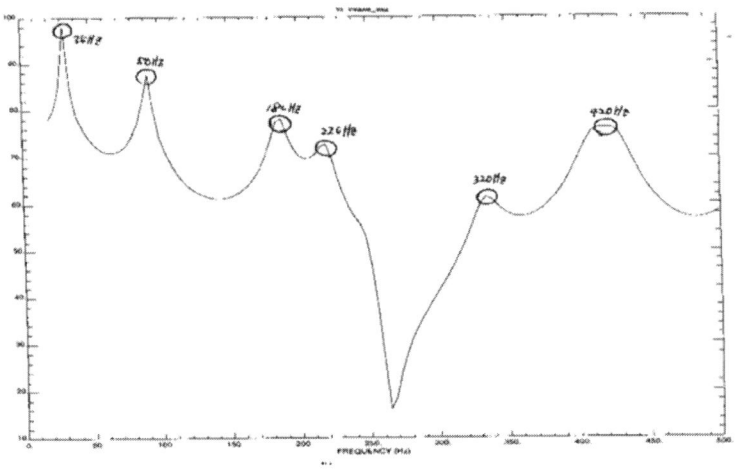

(b) 흡기토출음 해석값

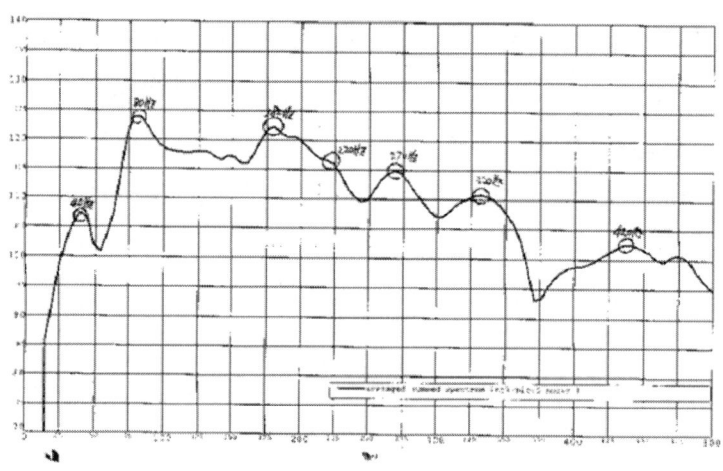

(c) 실차주행시험결과

그림 <3-50> 흡기계 경계요소법(BEM) 해석 결과

4장 자동차 진동과 소음

4.1 자동차 진동소음의 개요

 자동차의 진동·소음과 승차감은 자동차의 진동·소음 특성과 인간의 감각에 관계되어 여러 가지 형태로 관찰된다. 이것은 자동차 주행시 노면의 요철, 바람 등 외부에서의 외부 가진력을 받는 한편, 자동차가 가지고 있는 엔진, 회전체 등의 많은 진동·소음 원(source)을 갖고 있으면서 또한 많은 진동 요소로 구성되어 넓은 주파수대역에 걸쳐 공진현상이 발생되어 나타나기 때문이다. 또한 차량의 진동 자체가 승객에게 영향을 미칠 뿐만 아니라 진동에 의해서 발생되는 소음이 승객에 영향을 주면서 문제를 야기하기도 한다. 이러한 진동·소음 특성은 자동차를 구성하고 있는 부품 전체가 관련되어 있다고 해도 과언이 아니고, 또 이것들이 복잡하게 서로 얽혀 차량의 탑승객이 불쾌하거나 불편하게 느끼는 현상을 야기시키고 있다. 이 때문에 시험 및 평가시 차량전체를 종합적으로 실시하거나 각 구성요소(component)별로 나누어 영향도를 파악하는 방법을 고려하여야 한다.

 차량의 진동현상을 먼저 살펴보면, 1~10 Hz 의 저주파수로부터 수 kHz 고주파까지 광범위하게 진동이 발생하며 그 진동형태도 다양하게 걸쳐있다. 이들의 진동이 차체로 전달되어 승객이 진동으로서 감지하는 것과 소음으로서 감지하는 경우가 있다. 진동 발생원으로는 노면입력, 엔진회전부등이 있고, 여기서 발생한 진동이 구동계, 현가계 등의 전달경로를 거쳐 차체로 전달된다. 따라서 진동을 제어하기 위해서는 진동 발생원을 잘 파악하고, 전달경로를 조사하여 진동전달 특성을 명확히 하는 진동 특성의 규명이 필요하다. 일반적으로 분류하는 주요 진동 현상은 엔진공회전시 발생하는 조향휠(Steering Wheel)과 시트(Seat)에서의 Idle(공회전) 진동과, 주행시 발생하는 주행 시미(Shimmy), 쉐이크(Shake)등이 있다.

차량 소음은 차실내 승객의 쾌적성에 영향을 주는 차내 소음과, 소음 공해라고 하는 형태로 주목을 받고 있는 자동차 외부로 방출되는 차외 소음의 2 가지로 구분된다. 또 차내소음은 구동계, 현가계등 차체를 통하여 전달되는 고체 전달음과 엔진소음, 풍절음(Wind Noise) 등 발생하는 소음이 공기전달에 의해 차실내로 유입되는 공기 전파음으로도 구분하고 있다. 조건에 따라 급가속/완가속 소음, 정속 소음, 노면소음(노면 소음(Road Noise)), Wind Noise, 기어 Whine Noise 등이 있다.

승차감은 차량 주행중 특히 노면 입력에 의해 발생하는 차체 진동에 의해 승객이 느끼는 쾌적함으로 정의하며 주요 주파수 범위는 100 Hz 이하의 진동과 소음으로 동시에 느끼는 현상을 의미한다.

이 장에서는 Idle(공회전) 진동, 주행시 소음, 노면소음(노면 소음(Road Noise)), Wind Noise, 외부소음 법규 등을 포함하여 자세한 소음 현상, 시험방법, 개선방법 등을 소개하고자 한다.

4.2 아이들 진동 (Idle Vibration)

가. 개요

차량이 정차중인 엔진 공회전 상태에서 발생하는 진동을 아이들(Idle) 진동이라 한다. 차량이 정지상태에 있으므로 노면 가진이나 구동계의 진동이 진동원으로서 작용하지 않고 엔진의 연소에 기인

하는 토크(Torque)의 변동이 가진력의 주된 원인이다. 엔진의 진동이 차체를 통하여 조향휠(Steering Wheel) 및 운전자의 손으로 전달되거나 시트(Seat)나 차체 바닥면 등을 통하여 승객의 신체에 전달되게 된다.

나. 평가방법

차량을 정차시킨 상태에서 기어를 N단 및 D단에 두었을 때의 진동을 측정한다. 또한 엔진의 부하가 바뀔 경우 엔진 가진력이 바뀌도록 설계되어 있는 경우가 많으므로 부하가 바뀌는 조건에서의 측정도 같이 실시하여야 한다. 일반적으로 차량의 에어컨을 켰을 때의 진동이 가장 부하가 많이 걸리는 조건으로 간주되어 이를 기준으로 시험한다.

측정위치는 엔진진동이 운전석과 조향휠(Steering Wheel)로 운전자 및 탑승 승객에게 전달되므로 조향휠(Steering Wheel) 진동과 운전석 하단의 바닥면(Floor)에서 가속도계를 이용하여 진동수준을 측정한다.

다. 문제점 및 개선

차량 내부에서 승객이 느끼는 아이들(Idle) 진동은 엔진의 진동수준 및 차체 전달특성에 영향을 받게 된다. 또한 엔진이 얼마나 양호한 상태인가가 Idle 진동에 중요한 인자이기도 하지만 차체에서 진동이 전달될 때 차체와의 공진이 발생하여 전달특성이 나빠지는 경우도 있으므로 이러한 점이 항상 고려되어야 한다.

차체의 진동 전달특성을 나쁘게 하는 인자로는 차체의 골격진동, 크로스 멤버, 조향휠(Steering Wheel) 및 배기 소음기(Muffler) 진동특성이 있다. 여기에 열거한 요소들이 공진을 일으키거나 진동특성이 나쁜 경우 아이들(Idle) 진동 수준을 악화시킨다. 차체에서 아이들(Idle) 진동이 양호한 상태를 가지게 하려면 골격진동 및 관련 부품의 공진주파수가 엔진 아이들(Idle) 가진주파수와 분리되어야 하고 진동 전달이 불리한 구조로 설계되어야 한다. 그러므로 엔진과 엔진진동 주요 전달 경로인 엔진 마운팅 시스템, 차체 측의 각 부위별로 설명하도록 한다.

1) 파워트레인(Power Train)

  엔진의 회전에 따른 주요 가진력의 제어가 원활하여야 함은 물론이며, 불평형력 등에 의한 다른 성분의 가진이 커서 아이들(Idle) 진동이 나빠지지 않게 하여야 한다 그리고 동력전달계와 관련하여 토크 컨버터로 전달되는 진동 수준을 줄이기 위하여 토크 컨버터의 용량도 차종에 따라 적절한 사양을 선택하여야 한다.

  아이들 회전속도(Idle rpm)도 주요한 고려 대상이다. 그림 <4-1>에서와 같이 엔진 가진 주파수가 차체 굽힘진동 주파수 및 조향휠(Steering Wheel)들의 고유주파수와 일치하는 경우 엔진 가진력이 충분히 낮은 수준이더라도 차체 또는 조향휠(Steering Wheel)과 공진이 발생하여 차량의 아이들(Idle) 진동을 악화시키게 되므로 이러한 주파수를 분리시키는 것이 중요하다. 주파수를 분리시키는 방법으로 차체와 조향휠(Steering Wheel)의 공진주파수를 이동시킬 수도 있으나 반대로 엔진의 아이들 회전속도(Idle rpm)을 변경하여 가진 주파수와 차체와 조향휠(Steering Wheel)의 공진주파수를 분리할 수 있다.

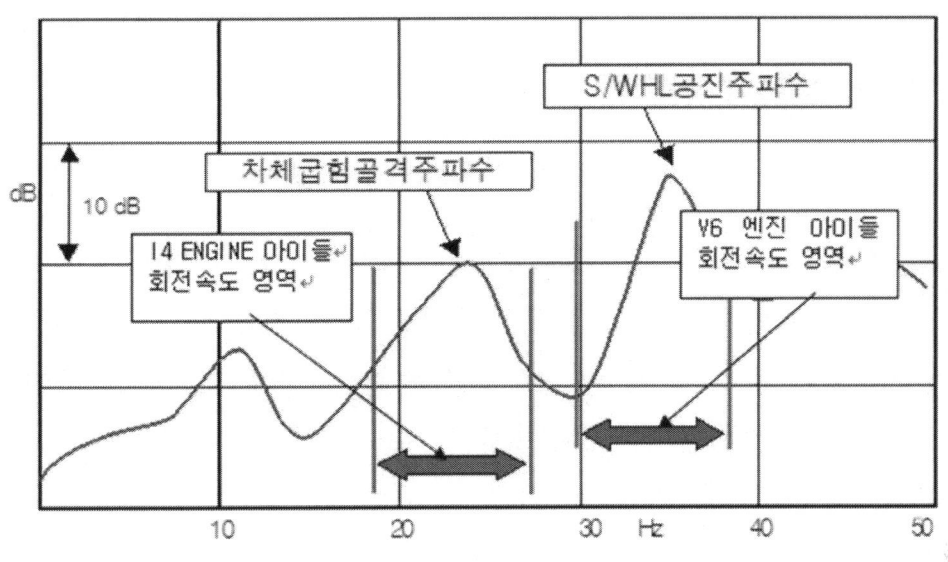

그림 <4-1> 엔진 아이들 가진주파수와 시스템 고유주파수

2) 엔진 마운팅

　엔진 마운팅은 파워트레인에서 발생한 진동이 차체로 전달되는 주 전달 경로이므로 아이들(Idle)진동에 가장 큰 영향을 미치는 부위에 속한다. 따라서 안정적인 지지를 위한 마운팅 형식의 결정, 엔진 마운트(Mounting Insulator)들의 충분한 절연율 등이 고려되어야 한다. 마운팅 형식은 지지방식에 따라 관성 주축형과 무게 중심형이 있으며, 마운팅 수에 따라 3 점 및 4 점 마운팅 방식이 있다. 엔진 마운트(Mounting Insulator)는 마운트(Insulator)의 형상과 재질에 따라 절연 특성이 달라지므로 적절하게 선택되어야 하며, 30 여년 전부터는 마운트의 절연 특성을 향상시키기 위하여 고무 형식에서 액체 봉입형(Hydro) 마운트도 사용되고 있는 경향이 있다.

3) 차체 진동 특성

차체의 진동 특성은, 일반적으로 20~30Hz 영역에서 1차 굽힘모드가 발생하는 경향을 가지고 있다. 이 주파수 영역은 엔진의 가진 주파수와 근접한 영역으로 엔진의 가진 주파수와 공진이 일어나지 않도록 충분히 주파수 분리가 되어야 한다. 또 엔진의 진동이 전달되는 마운팅에서 승객이 진동을 감지하는 조향휠(Steering Wheel)과 시트(Seat)까지의 진동감도가 충분히 낮도록 설계되어야 한다. 여기에서의 진동 감도는 엔진에서 전달되는 진동이 얼마나 작게 감지되는 가를 나타내는 진동 전달 특성을 말한다.

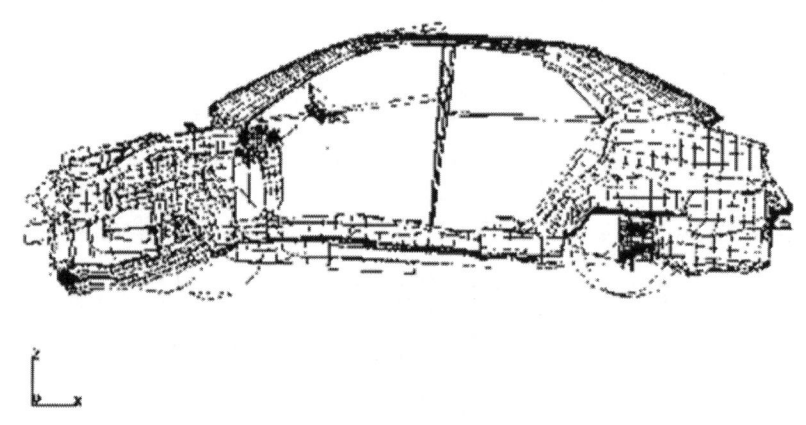

그림 <4-2> 차체 1차 굽힘 진동모드

차체의 1차 굽힘 진동모드의 주파수를 높이는 것은 차체의 강성을 높이는 효과가 있으므로 가능하면 이러한 굽힘 진동모드를 높이는 것은 중요한 설계변수로 고려되어야 한다.

진동 감도의 개선은 차체 자체를 개선하는 경우와 조향휠(Steering Wheel)에서의 개선하는 경우로 나뉜다. 차체 자체를 개선하기 위해서는 차체의 강성을 높이는데 기여가 큰 차체 멤버

(Member)류의 강성을 증대시키거나 의 결합부의 강성을 보강하여 개선한다. 한편, 조향휠(Steering Wheel)에서의 개선은 조향휠(Wheel)과 컬럼(Steering Column)의 강성과 함께 컬럼(Steering Column) 지지부인 크로스멤버(Deck Cross Member)와 연결부의 강성을 같이 고려하여 실시한다. 조향휠(Steering Wheel)의 1차 공진주파수가 30Hz 부근에 존재하고, 이로 인해 진동감도에 불리한 영향을 미치는 경우가 많으므로 조향휠(Steering Wheel)의 공진주파수도 함께 고려되어야 한다.

차체 1차 굽힘모드가 엔진가진 주파수와 근접하거나 진동감도가 불리한 경우 최종적으로 고려하는 것이 라디에이터 고무(Radiator Bush)를 이용한 개선 방법이다. 차량의 라디에이터(Radiator)는 일반적으로 차체의 전면에 장착되므로 그림 <4-2>의 차체 굽힘 진동모드의 변형이 가장 큰 부위에 위치하게 되므로 라디에이터(Radiator)를 차체에 대한 동흡진기(Dynamic Damper)로 사용하는 경우 효과적으로 진동감도를 개선할 수가 있다. 즉, 라디에이터(Radiator)의 무게를 질량으로, 라디에이터 고무(Radiator Bush)를 강성으로 하는 1자유도계로 가정하고 구성하여 아이들 진동 문제 주파수에 맞추게 되면 차체 굽힘 진동에너지를 효과적으로 흡수하여 차체진동을 개선할 수 있다.

4.3 주행소음

가. 개요

차량 실내에서의 주행소음은 그 현상이 복잡하고 관련 주파수영역도 대부분의 가청 주파수영역(20~20,000Hz)에 걸쳐 있으므로 현상 파악 및 대책마련이 용이하지 않다. 주행소음은 많은 음원으로 구성되어 있어 간단히 차내 소음을 평가한다 하더라도 종합적인 차내의 소음을 평가하거나 현상별로 평가하는 방법을 택해야 한다. 그러나 차내 소음의 적절한 평가는 대책을 위한 원인규명을 빠르게 하는 것에도 도움이 되도록 체계적으로 진행되어야 한다.

차량 실내 소음은 그 발생 조건과 주파수 대역에 따라 몇 가지로 분류하면, 엔진 주가진력과 관련이 깊은 부밍소음(Booming Noise), 엔진 가진력에 의한 성분 및 흡기계, 배기계 등의 기타 시스템에 의한 투과음, 이 외에 기어 소음(Gear Noise), 타이어 소음(Tire Noise), Wind Noise 등 가진 시스템에 따라, 그림 <4-3>과 같이 구분할 수 있다. 일단 아이들 시의 차량 실내 소음은 여기서 제외하는 것으로 한다.

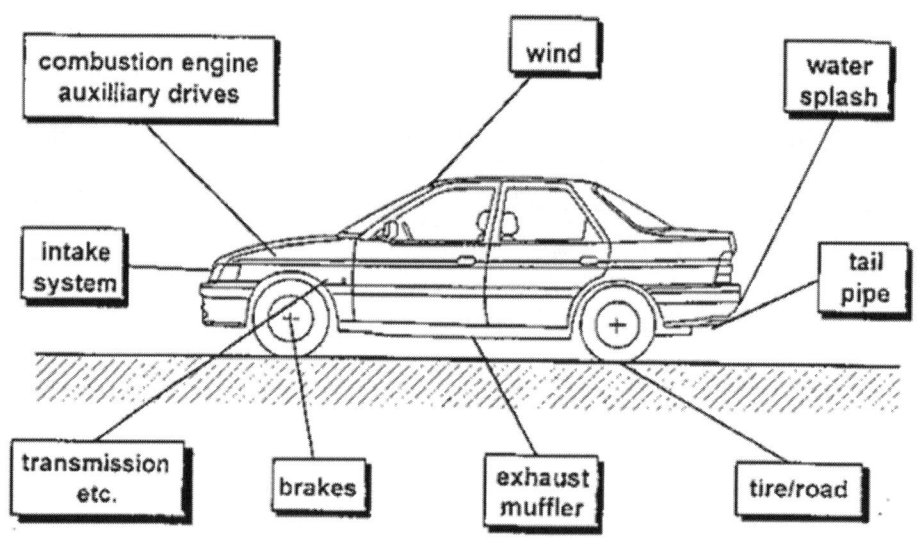

그림 <4-3> 차량 실내소음의 주요 가진원

나. 평가방법

차량 실내 소음을 종합적으로 또는 간이적으로 평가하는 경우,

보통 주위에 반사물이 없는 평탄하고 Smooth 한 아스팔트(Asphalt) 노면에서 실시한다. 단 우천시의 물 튀는 음과 노면 소음(Road Noise) 등을 평가하는 경우 이 제한은 없다.

측정용 마이크로폰(Microphone) 위치는 Iso 5128 과 Jaso Z 111 등에서 정해진 위치(착좌시 인간의 귀 위치)에 설치한다. 단 이것도 필요에 따라서 마이크 위치를 추가하는 경우도 많다.

운전 조건은 정속주행, 가속주행, 타행주행, Coast Down 등이 있다. 모든 시험의 계측은 dB(A)로 한다. 또 이 때 dB(C) 값을 계측해 두면, 그 차량 소음의 저 주파 성분(Booming Noise)도 파악할 수 있다.

- **정속주행 시험**: 차량의 주행속도를 일정하게 하고 각 차속에 따라 측정위치에서의 소음수준을 평가하는 방법이다.
- **가속시험**: 완가속과 급가속 시험으로 구분하며 기어단 변속 없이 엔진을 저회전에서 고회전(1000 rpm → 6000 rpm)으로 가속하면서 측정한다.
- **타행주행 및 Coast Down 시험**: 고속에서 차속을 감속시키면서 측정하는 방법으로 타행은 기어단을 중립에 두고 Coast Down 은 기어단을 높은 단에 두고서 수행한다.

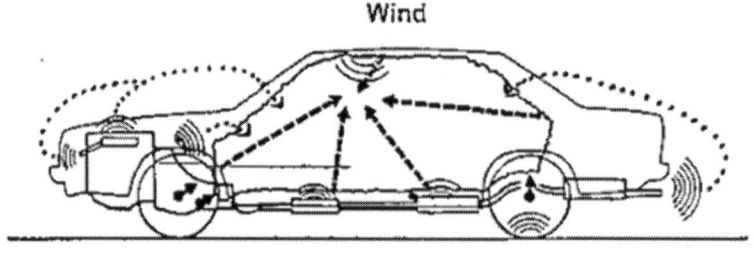

그림 <4-4> 차량 실내소음의 전달경로

다. 문제점 및 개선

주행소음은 20~300Hz 영역의 느낌(Feeling)으로서는 귀를 압박하는 듯한 부밍소음(Booming Noise)와 기타 넓은 주파수 영역의 투과음으로 크게 분류한다. 이러한 주행소음은 다양한 진동원으로부터 진동이 차체를 통하여 차실내로 전달된다. 따라서 주행소음의 저감을 위해서는 진동원에서 가진력의 크기를 줄이거나 전달경로인 차체에서의 효과적인 진동차단이 이루어져야 한다. 이 절에서는 주요 가진원인 파워트레인과 흡배기계, 고주파 소음을 차단하기 위한 흡차음재 대책 등에 대해서 설명하도록 한다.

1) 파워트레인 소음

엔진에서의 소음은 연소소음과 기계소음으로 크게 나눌 수 있으며 연소소음은 엔진 실린더 내부연소에 의한 순수한 엔진 폭발력에 의한 소음이며 기계소음은 피스톤(Piston)이나 Connecting Rod 등 엔진 운동 부품(Moving Part)의 관성력에 의한 소음, 각종 밸브,

벨트(Belt) 소음, 엔진 상호 부품들간의 마찰소음, 실린더 블록(Cylinder Block)이나 크랭크축(Crank Shaft)와 같은 엔진부품들의 탄성 진동에 의한 소음 등이 있다. 이러한 엔진자체에서의 연소특성이나 기계적인 특성을 잘 고려하여 설계되어야만 엔진의 소음을 효과적으로 제어할 수 있다.

한편 파워트레인의 전체 강성이 부족하여 엔진 최고회전속도의 주가진력 범위내에 탄성진동이 있게 되면 엔진의 진동이 파워트레인 공진에 의해 증폭되게 되어 이러한 진동이 엔진마운팅 시스템을 통해서 실내소음에 나쁜 영향을 주게 된다. 따라서 엔진 최고회전속도를 고려하여 보통 300Hz 이상에서 1차 공진 주파수가 생기도록 충분한 강성을 확보하여야 한다.

엔진마운팅 시스템도 아이들(Idle) 진동에서 설명한 바와 같이 형식이나 마운트(Insulator) 절연특성 등이 진동절연을 충분히 할 수 있는 구조로 고려되어야 한다.

이외에 엔진에 부착된 타이밍벨트(Timing Belt) 소음, 발전기(Alternator) 소음, 기어(Gear Whine) 소음 등 특정주파수 성분의 소음을 유발하는 시스템적인 소음도 종종 문제가 되어 각 단품 상태에서의 개선을 실시한다.

2) 흡기계 소음

엔진 흡기계의 기본적인 역할은 신선한 외기를 엔진으로 공급하며 엔진에서 발생하는 소음을 제어하는 것이다. 기본적인 구조는 흡기 다기관(Manifold), 호스(Air-Hose) 및 덕트(Air-duct), Air Cleaner, Resonator 로 구성되어 있다.

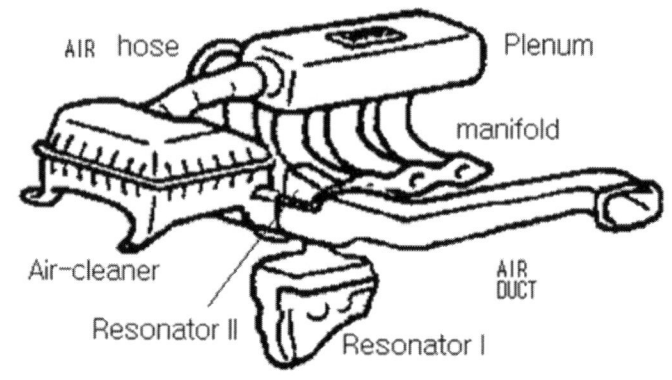

그림 <4-5> 흡기계 구조

 엔진의 소음은 흡기밸브(Valve) 개폐시 소음이 흡기계를 타고 외부에 소음을 방사하고 이때의 소음이 실내소음 및 실외소음에 영향을 미치게 된다. 흡기 토출구로 방사되는 소음을 줄이기 위하여 먼저 흡기계 전체의 길이, Hose 와 Duct 의 직경, Air-Cleaner 의 체적, 형상, 위치등을 초기에 고려하여야 하며, 이렇게 한 후에도 남아있는 소음은 Resonator 나 1/4 파장관 등을 사용하여 소음을 제어한다.

 그림 <4-6>에서와 같이 흡기 토출음 제거 전후의 실내소음 효과가 큰 경우 흡기계를 개선하여 실내소음을 개선할 가능성이 커지게 된다. 이 외에도 흡기계의 진동이나 Duct, Hose, Air Cleaner 에서의 방사소음도 주요 고려 대상이므로 항상 고려되어야 할 항목이다.

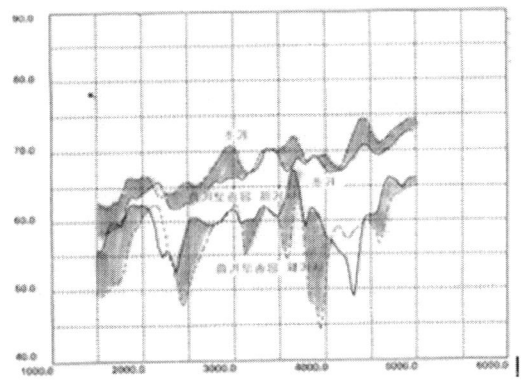

그림 <4-6> 흡기 토출음 제거효과

3) 배기계

　배기계의 기본적인 역할은 배출가스의 오염을 줄이고 배출소음을 제어하는 것이다. 따라서 배기계는 그림 <4-7>과 같이 촉매와 공명기, 이들을 연결하는 배관과 차체에 지지하는 지지부로 되어있다.

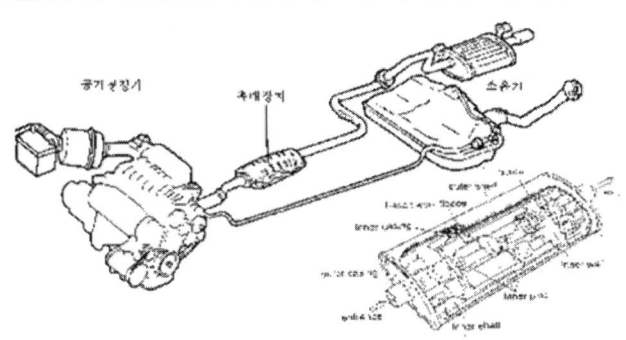

그림 <4-7> 배기계 구조

　배기계 진동의 가진원은 엔진자체의 진동과 배기관내의 배기 맥동압에 의한 음향에너지의 가진, 차체에서 전달되는 진동이 있으며, 엔진연소실에서부터 배출되는 배기가스의 맥동음에 의한 배기 토출음도 실내소음의 주요한 소음원이 되고있다.

　배기계 진동은 외부가진에 의한 공진으로 증폭되는 진동이 지지계를 통해 차체로 전달되면서 실내소음이나 진동에 악영향을 미치게 된다. 이러한 진동을 저감하기 위하여 배기계 공진 모드나 주파수의 변경을 하게 되고 이를 위해 형상이나 강성변경, 지지 위치의 변경을 수행한다. 배기계 진동을 차체에 전달하는 경로로서 지지계의 전달특성을 나쁘게 하기 위하여 지지부의 강성을 증가 시키거나 Bush 의 절연특성을 개선한다.

배기계의 토출 소음은 실내소음에 대한 영향이 상당히 크기 때문에 배기계의 용량, 위치, 관심주파수 등을 충분히 검토하여 장착하여야 한다. 그림 <4-8>은 배기계의 개선에 따라 실내소음이 변화한 예를 보여주고 있다.

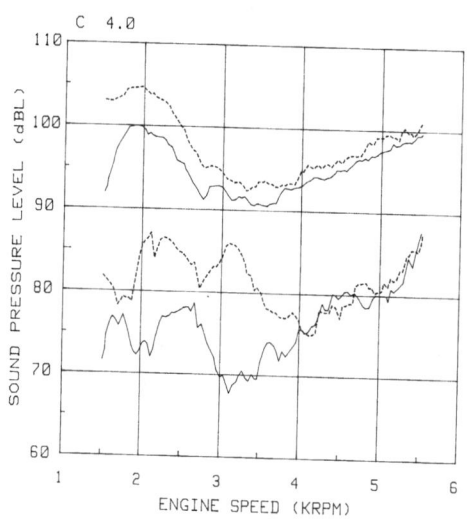

그림 <4-8> 배기 토출음 개선에 따른 실내소음의 변화

4) 차체

차체는 엔진이나 노면 등의 기진원 들로 부디 전달되는 진동 및 소음의 최종 전달자로 작용하므로 저주파 영역의 부밍(Booming) 소음에 많은 기여를 하고, 고주파 영역에서도 씰링(Sealing) 등에 따라 실내소음에 많은 영향을 준다.

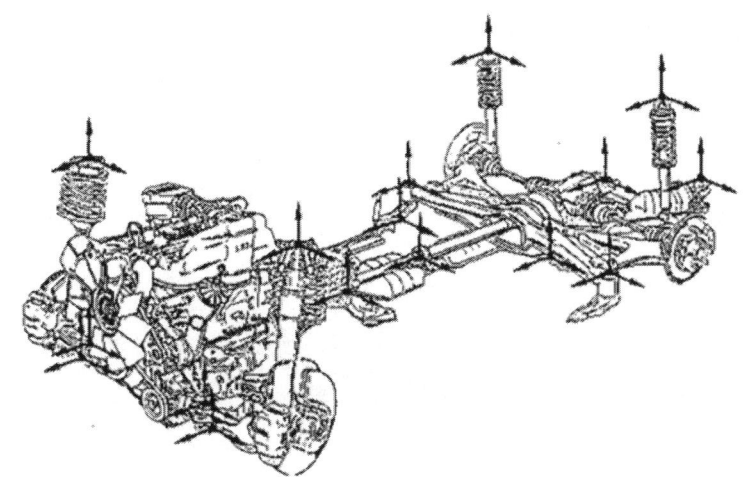

그림 <4-9> 차체로의 주요 진동 입력점

그림 <4-9>과 같이 여러 진동 전달경로를 타고 차체에 전달되는 진동은 차체 패널의 진동특성에 따라 부밍(Booming) 소음을 일으키는 주요 원인이 되므로 차실 주변의 각 차체 패널과 차체 Member류의 강성이나 진동특성을 개선하여 부밍(Booming) 영역인 50~300 Hz 영역의 소음을 제어한다.

차체 패널의 진동을 제어하기 위하여 차체 바닥(Floor)에 제진재를 부착하거나 대시 패널(Dash Panel) 및 Wheel Housing Panel 등에 샌드위치 패널(Sandwich Panel) 등을 적용하기도 한다.

5) 흡차음재

대략 250 Hz 이상의 고주파 소음은 일반적으로 차체 진동을 타고 전달되기 보다 엔진이나 배기계의 소음원으로부터 차체 패널을 통과해서 직접 실내로 전달되는 특성을 가지고 있으며 이러한 공기기인 소음을 제어하기 위해서는 차량에 흡음재와 차음재를 부착하게 된다. 차음재는 차체를 통과해서 들어오는 소음을 차단하는 역할을 주로 하며, 흡음재는 이미 차실내로 유입된 소음을 흡수하여 반사량의 감소에 의한 소음저감 효과를 얻는다.

차량에서 흡음재 및 차음재의 주요 부착위치는 그림 <4-10>과 그림 <4-11>에서 나타낸 바와 같이 흡음재의 경우 Headliner, Floor Carpet, Seat 등이 있으며, 차음재의 경우 Dash Inner Insulator, Dash Outer Insulator, Floor Carpet 등이 있다.

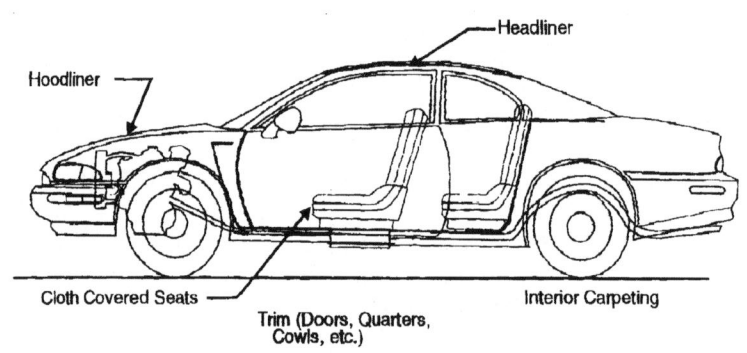

그림 <4-10> 차량의 흡음재 적용부위

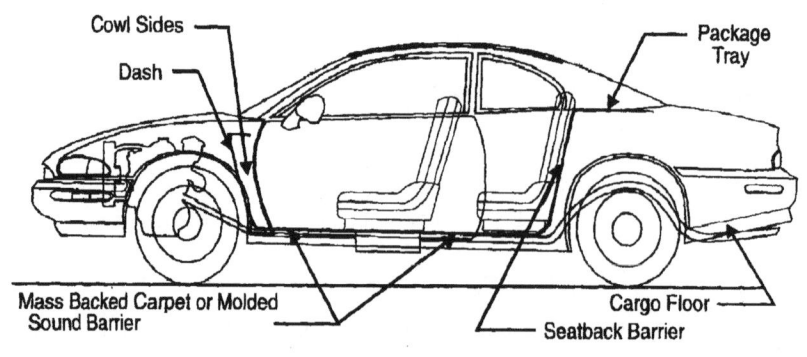

그림 <4-11> 차량의 차음재 적용부위

차음재의 경우 엔진소음의 주요전달 경로인 Dash Panel 부, 노면 소음(Road Noise)와 배기 토출음의 전달 경로인 Floor 에 Insulator 를 부착하여 차음성능을 향상시킨다. 흡음재는 엔진소음 이 외부로 방사되는 양을 줄이기 위하여 Hood, Dash Panel, Engine Top 과 Under Cover 에 Insulator 를, 차실내에는 차실내에서의 소음을 제어하기 위하여 Headliner, Floor 등을 이용하며, Seat 와 Interior Trim도 유용한 흡음재로서의 역할을 수행한다.

4.4 노면 소음 (Road Noise)

가. 개요

차량이 거친 노면을 주행할 때 주로 문제가 되는 노면 소음(Road Noise)는 그림 <4-12>와 같이 노면 가진에 의한 차실내의 소음을 나타내며 노면에 따른 차량에서의 응답 특성이므로 전달 경로인 Tire, Suspension 의 특성과 이들이 장착되는 부위의 차체특성과 차체 패널의 공진 등이 원인이 되어 발생되는 특성이 있다. 노면 소음(Road Noise)의 성분은 Tire 나 Suspension 의 공진에 의해 발생하는 Booming 성의 저주파 성분과 Tire Pattern 에 의해 발생하는 고주파성분으로 나누어 진다.

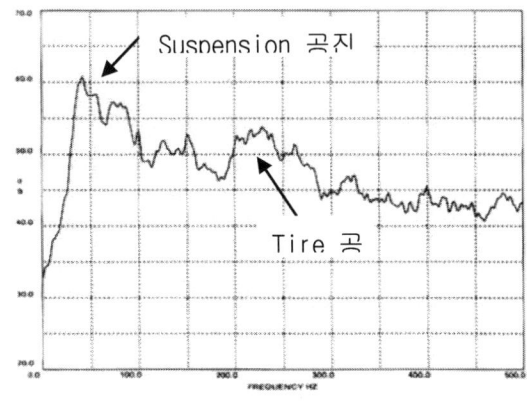

그림 <4-12> 노면 소음(Road Noise)

나. 노면 소음 평가방법

차량 주행시 여러가지의 가진력 중에서 노면 가진력을 구분하기 위하여 엔진의 회전수를 가장 낮게 하여 정속으로 주행하면서 흡배기 및 엔진의 소음원을 최소화한 상태에서 평가를 한다. 또한 노면의 가진력을 크게 하기 위하여 거친 노면을 선택하여 실내음에서 노면 소음(Road Noise)만을 부각시킨 상태에서 실시한다. 측정용 마이크로폰(Microphone)의 위치는 주행시 실내소음의 위치와 동일하게 한다.

다. 문제점 및 개선

1) 타이어와 현가장치(Suspension)

타이어(Tire)는 자체의 공진과 Tire 면에 있는 Pattern 에 의한 마찰음이 차실내 소음에 영향을 준다. Tire 공진의 경우 300Hz 이하의 주파수영역에서의 탄성모드가 주로 실내소음에 영향을 주며 이를 개선하기 위하여 Tire 뿐만 아니라 차체에서의 개선을 동시에 진행하기도 한다. Tire 의 Pattern Noise 는 600Hz 이상의 고주파 소음으로 나타나며 이 경우 Tire 의 Pattern 을 변경하여 문제를 개선한다.

현가장치(Suspension)은 자체의 공진과 고무 부시(Bush)류의 진동전달 특성에 따라 실내소음에서 문제를 발생시킨다. 현가장치(Suspension)을 구성하는 각 Link 류의 공진주파수가 노면입력 특성이나 차체 패널의 공진주파수와 일치하여 실내소음을 유발하는 경우 Link 강성을 변화시켜 실내소음을 개선한다. 또한 고무 부시(Bush)류의 진동절연이 부족하여 진동전달 특성이 나쁘게 나타나는 경우 고무 부시(Bush) 형상이나 재질을 변경하여 진동 절연율을 향상시켜 문제를 해결한다.

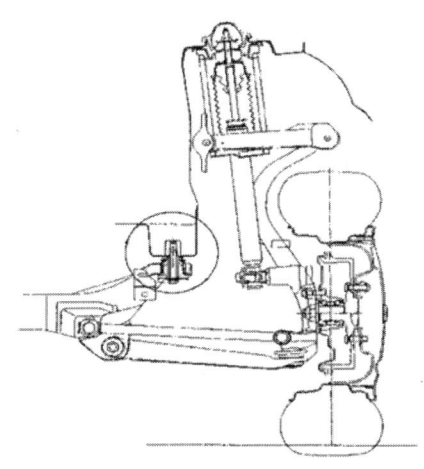

그림 <4-13> 현가장치(Suspension) 구조

2) 차체

　현가장치(Suspension)이 부착되는 부위와 그 주변의 차체 패널이 노면에서 입력되는 진동에 따라 공진을 일으키거나 과도한 진동을 하는 경우 실내소음을 악화시키게 되므로 현가장치(Suspension)과 타이어에서의 개선이 어려운 경우 차체에서의 강성증가와 차체 패널의 진동억제를 위한 제진재 처리등의 대책을 수립하게 된다. 그림 13 에서와 같이 현가장치(Suspension)이 부착되는 부위의 차체 강성이 약할 경우 이 부분으로의 진동전달이 원활하게 되므로 이러한 부착부위의 강성보강은 필히 고려해야 하는 사항이다. 또한 취약부 차체 패널의 강성 보강 및 진동수준을 저감하기 위하여 Wheel Housing 부를 Sandwich 형식으로 하거나 제진재를 부착하는 경우가 많다. 또한 특정부위의 패널이 공진되어 문제가 생기는 경우도 있으므로 차체 패널 전체의 특성을 고려하는 것이 중요하다.

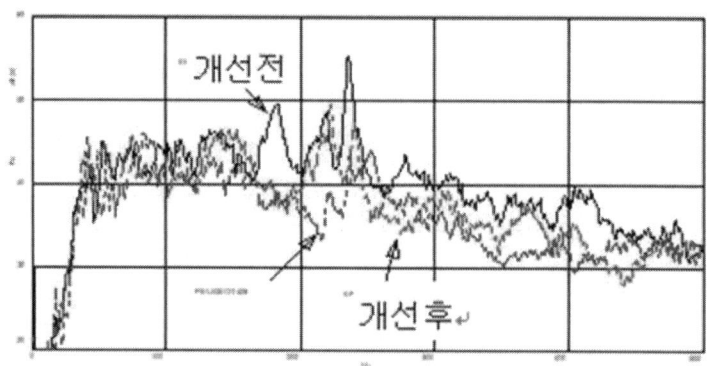

그림 <4-14> 노면 소음(Road Noise) 개선효과 예

4.5 Wind Noise

가. 개요

차량 주행시 실내소음은 속도가 50~100kph 영역에서는 엔진소음 외에 타이어(Tire)와 노면소음(Road Nose)가 주로 문제가 되나 100kph 이상의 속도에서는 Tire 와 노면 소음(Road Noise) 보다 외부 공기에 의한 Wind Noise 가 부각되면서 실내소음에 영향을 주게 된다.

Wind Noise 는 크게 풍절음과 흡출음으로 구분한다.
- **풍절음**: 안테나와 Under Body 처럼 공기가 차량과 부딪치면서 발생되는 소리를 말한다.
- **흡출음**: 차량의 틈새를 통한 공기 유동에 의해 발생되는 소리를 의미한다.

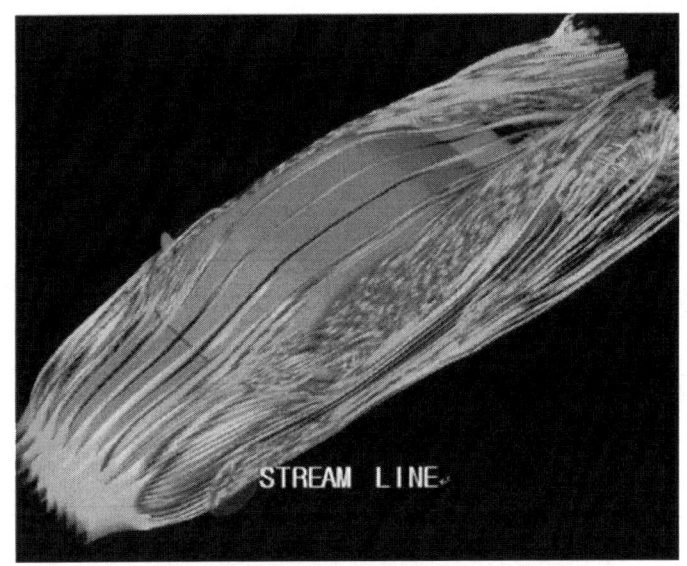

그림 <4-15> 실차 주행시 공기유동

가. Wind Noise 평가방법

고속 주행시 실내소음의 수준을 평가하며 일반적으로 정속 80, 110, 150, 180kph 에서의 실내소음을 측정한다. 장소는 실차 풍동과 주행 시험로에서 실시하며, 측정위치는 운전석과 후석 승객의 바깥쪽 귀 위치에서 한다.

나. 문제점 및 개선
1) 흡출음의 개선

차체와 관련하여 먼저 정적상태에서 흡출음 문제부위를 파악하여 이에 대한 대책을 수립한다. Glass Run 의 경우 Joint 부의 불량, 조기변형, 내마모성 저하등을 고려한 검토를 수행하며, 차체자체에도 Pillar 와 Member 를 통한 음의 유입을 방지하기 위한 Pillar 내부 충전재 적용, 차체 패널 접합부의 Sealing 상태 확인 및 보완 등의 작업을 수행하여야 한다. 정적상태에서의 검토가 끝나면 동적 상태에서의 흡출음 즉, 고속 주행시 갑자기 소리가 커지는 문제를 개선하기 위하여 Door Frame 강성, Weather Strip 눌림양 등을 고려한 확인을 진행한다.

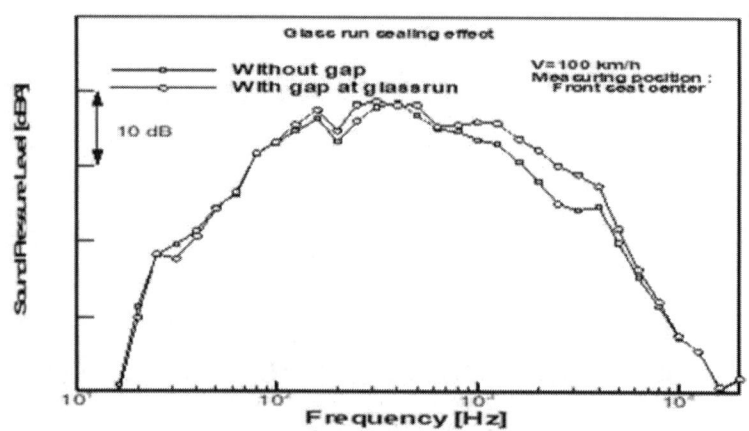

그림 <4-16> 씰링(Sealing)의 소음 개선 효과

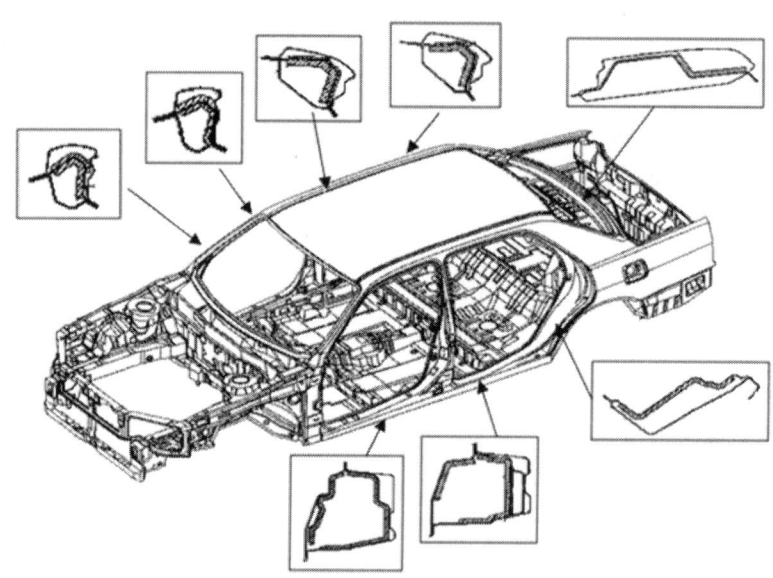

그림 <4-17> 필러(Pillar)부의 충전재 적용부위

2) 풍절음의 개선

풍절음과 관련하여 Outside Mirror, Antenna, Wind Shield Glass Molding, A-Pillar 의 형상과 단차, Under body 등의 형상에 따른 영향평가와 개선을 수행한다.

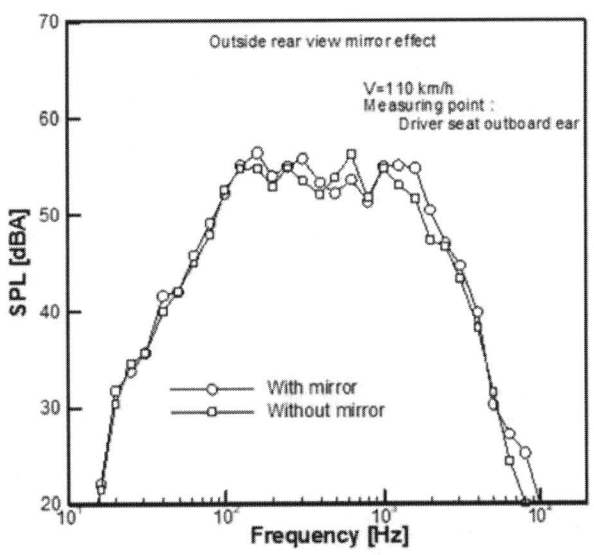

그림 <4-18> Outside Mirror 효과

4.6 외부 소음

가. 개요

차량이 주행할 때 차량외부에서의 소음은 차량이 크게 늘어난 상황에서 소음환경 문제와 관련하여 주요한 관심항목으로 인식되어 현재 우리나라를 포함한 많은 나라에서 법으로 규제를 하고 최근에는 이를 강화하는 추세에 있다. 따라서 차량 개발시 이러한 법규에 대응하기 위한 개발을 진행하여야 한다. 규제치를 보면 국내에서 승용차의 경우 74dB, 유럽은 75dB 수준이하의 소음수준을 허용치로 하고 있다. 기타 차량의 크기, 승상용, Diesel Engine 의 경우등에 따라 조금씩 허용기준치를 달리하고 있다.

　외부소음 개선을 위해서 주로 대처하는 항목은 흡배기계, 엔진 방사음의 차단, Tire Pattern 소음 개선 등이다.

나. 외부 소음 평가방법

　외부 소음 평가방법은 법규로 규제되어 있으며, 국가 별로도 거의 유사하다. 외부 소음시험은 넓게 공개된 장소에서 그림 <4-19>에서와 같이 20m 거리에 Start Line 과 End Line 을 설정하고 그 가운데에 마이크로폰(Microphone)을 좌우에 7.5m 거리에 각각 설치한다. 시험차량은 Start Line 에서 50kph 의 속도로 진입하면서 급가속하여 End Line 에서 가속페달을 떼는 방법으로 주행을 하면서 그때의 소음을 측정한다.

다. 문제점 및 개선

　차량 주행시 소음을 방사하는 소음원은 엔진과 흡기계, 배기계, 타이어 등이므로 이러한 소음원의 수준을 줄여서 개선을 한다. 흡기계, 배기계, 타이어의 경우는 전달 경로상의 차단이 불가능하므로 소음원에서의 대책만을 수립할 수 있으나, 엔진의 경우 엔진커버나 엔진룸에 흡차음재 처리를 하여 대책을 수립할 수도 있다. 엔진룸에서의 흡차음재로는 Dash Outer Insulator, Hood Insulator, Under Cover 등이 있다.

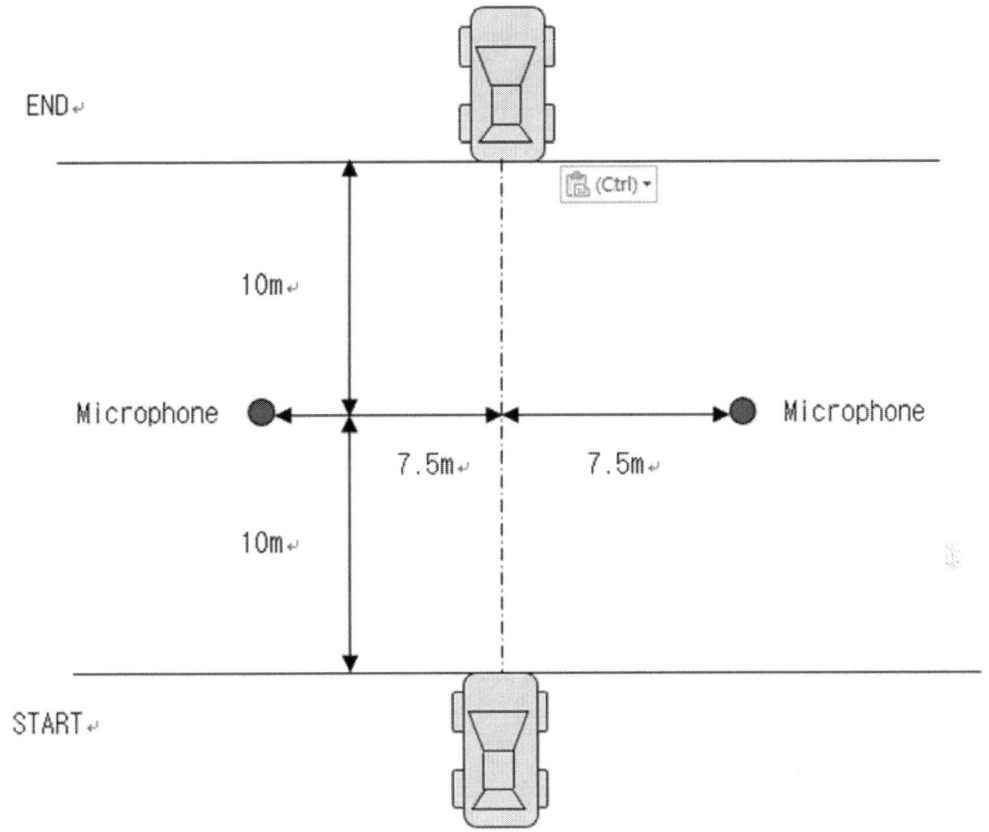

그림 <4-19> 외부소음 측정 조건

5장 자동차 소음/진동 해석

5.1 CAE 및 해석 개요

신규 차량의 개발시 차량의 형식, 시장 세분화 전략(Market segment)와 생산량 및 고객의 선호도에 따라 개발을 수행하게 된다. 이 때, Pre-design 단계에서 차량의 성능, 제작 공정 기술, 비용 목표 차량가액 등을 선정하게 된다. Pre-design 이후 컨셉 설계를 진행 한 후 세부 설계를 수행하게 된다. 세부 설계시 각 부품 단위별 목표성능을 분석하여 적합한 설계를 수행하고 차량 단위 세부 설계를 통해 성능 검증을 위한 수정 설계를 통한 최적화를 진행하게 된다. 최적화 이후 실제 프로토(Proto) 차량을 개발하여 시험 평가를 수행한 후 차량을 시장에 출시하게 된다. 이러한 과정 중 소요되는 비용 및 기간은 대부분 최적화 설계 과정이 좌우하게 된다. 이러한 최적화 설계는 목표 성능에 대한 충족 여부에 따라 결정지어지는데, 이는 시험 평가를 통해 수행되어야 한다. 이러한 시험 평가는 기존에는 직접 제품을 제작하여 평가를 수행하였으나, 컴퓨터 H/W 및 S/W 의 비약적인 발전으로 가상의 공간에서 수행하게 되었다. 이렇게 가상의 공간에서 설계 및 평가를 수행하는 경우 별도의 제품의 제작 평가 기간 및 비용이 절약되어 근래의 모든 자동차 제작사들은 컴퓨터 기반의 엔지니어링(CAE : Computer Aided Engineering)을 수행하고 있다.

차량의 개발시 소요되는 비용 및 기간은 대부분 설계 최적화 과정이 좌우하게 된다. 따라서, 차량의 개발기간을 단축을 위해 다양한 방법을 통해 CAE 를 활용하고 있다. 그림 <5-1>은 차량 개발 프로세스를 보여주고 있는데, CAE 의 보급 및 실제 제품과의 상관도가 높아져 개발 프로세스를 직렬형 개발 프로세스에서 병렬형 개발 프로세스를 통해 시간 및 비용을 절감하고 있는 추세이다.

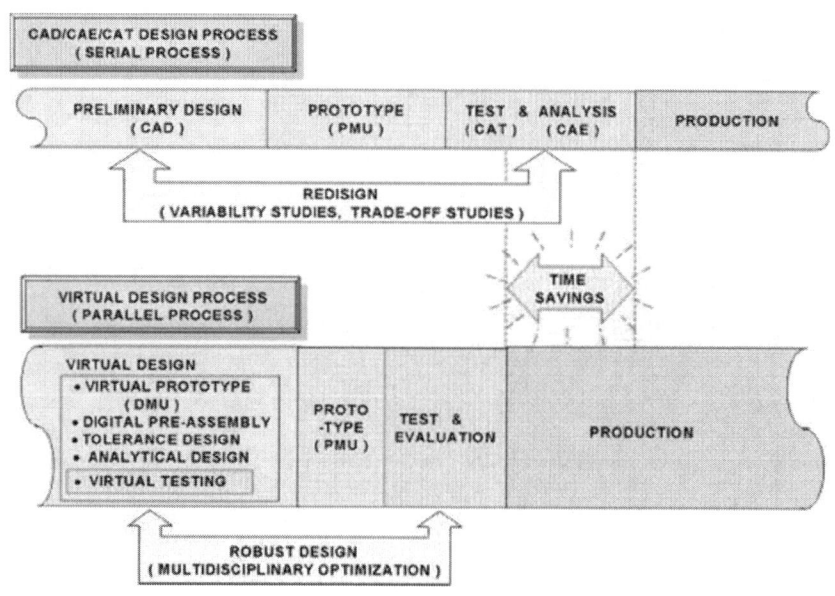

그림 <5-1> 차량 개발 프로세스

차량 제조사들은 이러한 개발 단계에서 설계(CAD), 조립 공정 해석 및 공차 해석, 가상 시험을 병렬로 수행하여 개발기간을 50~80%, 생산비용 약 35%, 품질관리 비용 약 30%를 줄일 수 있게 되어 차량의 개발 비용 및 성능을 개선하고 있다. 이러한 병렬 프로세스 개발을 위해서는 목표성능을 만족시키기 위한 가상 시험이 가장 주요한 역할을 하게 된다. 가상 시험은 주로 유한 요소 해석(FEM : Finite Element Method)을 통해 개발되고 있으며, 충돌 안전성, 강성/강도 및 NVH 분야에서 다양하게 활용되고 있다. 차량에 대한 유한요소 해석은 그림 <5-2>와 같은 절차를 통해 수행되고 있다.

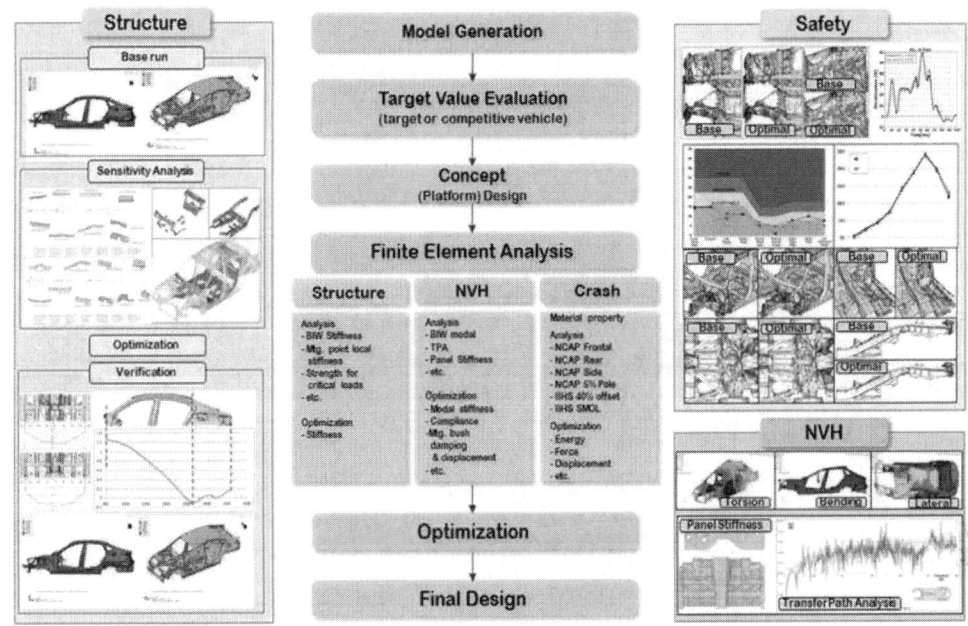

그림 <5-2> 차량 유한요소 해석 절차

그림 <5-2>에서 볼 수 있듯이 컨셉 모델이 구성된 후 유한요소 모델을 통해 구조 강성/강도, NVH, 차체 충돌 안전성 해석을 병렬로 수행하여 각각의 목표 성능을 만족시키기 위해 부문간 상호 보완을 수행한 후 각 모델의 수정 설계 변경안을 최적화 한 후 설계를 확정하여 프로토 타입 실제 차량을 개발하여 보완 검증을 수행하게 된다. 본 고에서는 차량에 대한 진동 소음 해석에 대하여 BIW, 섀시, 마운팅 등에서 활용되고 있는 CAE 해석에 관련한 내용을 소개하고자 한다.

5.2 유한 요소 모델링 개요

차체에 유입되는 진동/소음원은 그림 <5-3>과 같이 차량의 주행시 외력에 의해 발생되는 구조 전달음, 섀시의 진동에 의해 발생되는 진동, 공력에 의해 발생되는 공기전달음으로 구분된다.

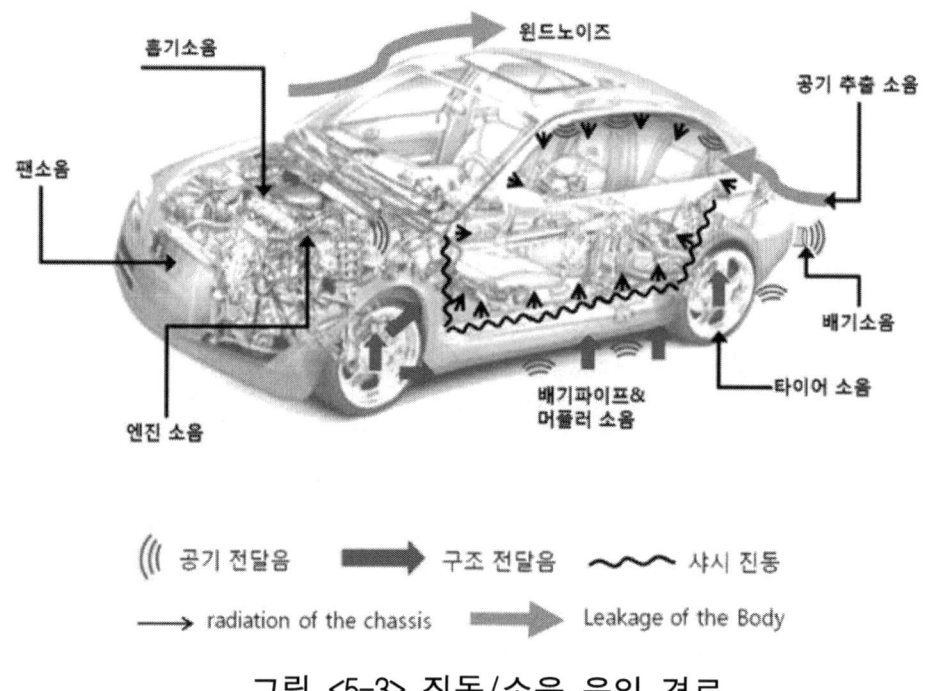

그림 <5-3> 진동/소음 유입 경로

진동/소음 전달 특성에 대한 평가를 위해 일반적으로 BIW 단계에서 검증을 수행하게 되는데 구조적 전달특성을 분석하기 위해 섀시 마운팅부, 배기계 마운팅부 등에 가진을 주어 차실 내부에 전달되는 특성을 가진력에 대한 속도(V/F), 또는 가속도(A/F)에 대한 전달함수 해석을 통해 수행된다. 또한, 주행 중 발생할 수 있는 구조 특성을 검증하기 위해 BIW(또는 Trimmed body)의 고유모드 해석을 통해 비틀림, 굽힘 진동 모드 등의 특성을 검토하게 된다.

가. 컨셉(Concept) 모델링

설계 초기 단계에서는 Concept 모델에서 시작한다. Concept 모델이란 각 부분의 구체적 설계안이 확정되기 전 설계의 자유도가 많은 상태에서 설계의 큰 흐름을 결정하기 위해서 신뢰성은 다소 떨어지지만 모델 변경의 용이성, 신속한 계산을 위해 각 Member 를 단순 Beam 으로, Member 와 Member 가 만나는 결합부(Joint)는 등가 Spring 으로 대치한 후, Roof, Floor, Dash 부위처럼 큰 Panel 로 형성된 부위는 Shell Element 로 표현하여 20,000 개 내외의 Element 로 표현하게 된다.

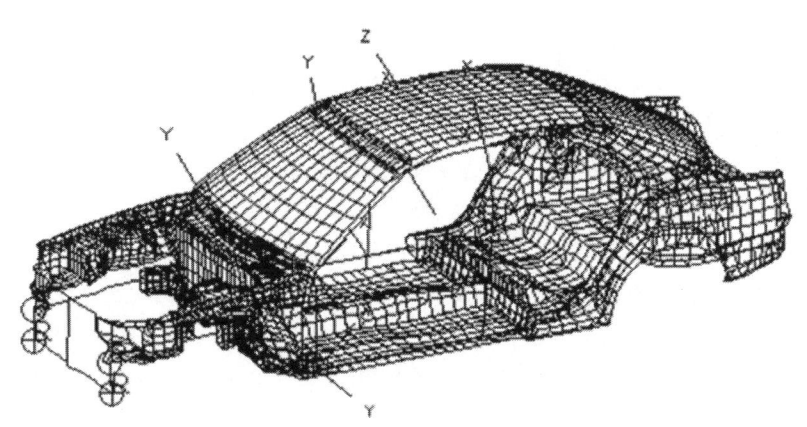

그림 <5-4> BIW Concept 모델

Concept 모델은 많은 가정 조건을 포함하고 있으나 초기 차량에 대한 구조 특성을 사전 검토하기 위해 사용하며 점차적으로 세부 모델링을 수행하여 모델을 완성해 가게 된다.

나. 세부 모델링

BIW 의 세부 모델링은 컨셉 단계에서 Beam 으로 모델링 된 각 부재의 목표 성능에 대한 부재별 단면 계수를 산정 한 후 Preenginnering 에서 수행된 결과를 바탕으로 스타일링 데이터를 기준으로 가용한 단면을 분석하여 세부 단면을 산정하게 된다. 또한, 각 부재의 설계를 고려하여 결합부의 모델링을 수행하게 된다

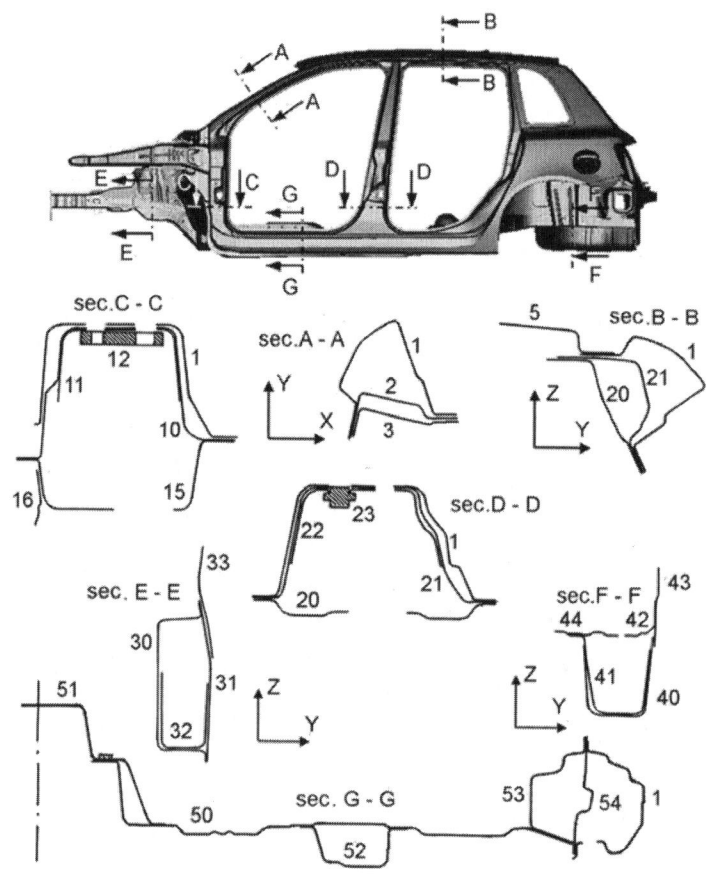

그림 <5-5> BIW 주요 단면 형상

각 세부 주요 단면 특성 및 형상의 예는 그림 <5-6>과 같이 나타나 있다. 그림에서 볼 수 있듯이 각 단면부는 목표 성능에 따라 다양한 형상을 나타내고 있으며, 이러한 단면부는 연결부를 고려하여 플랜지(Flange : 부재별 연결을 위해 추가로 연장된 패널)를 포함

하여 해석 및 설계를 수행하게 된다. 각 부재의 단면 모델이 선정되면 부재별로 그림 <5-6>과 같이 In-Plane, Out-of-plane 방향으로 플랜지 연결부의 강성을 평가하고 목표 강성에 적합하도록 연결부에 대한 세부 모델링을 수행한다.

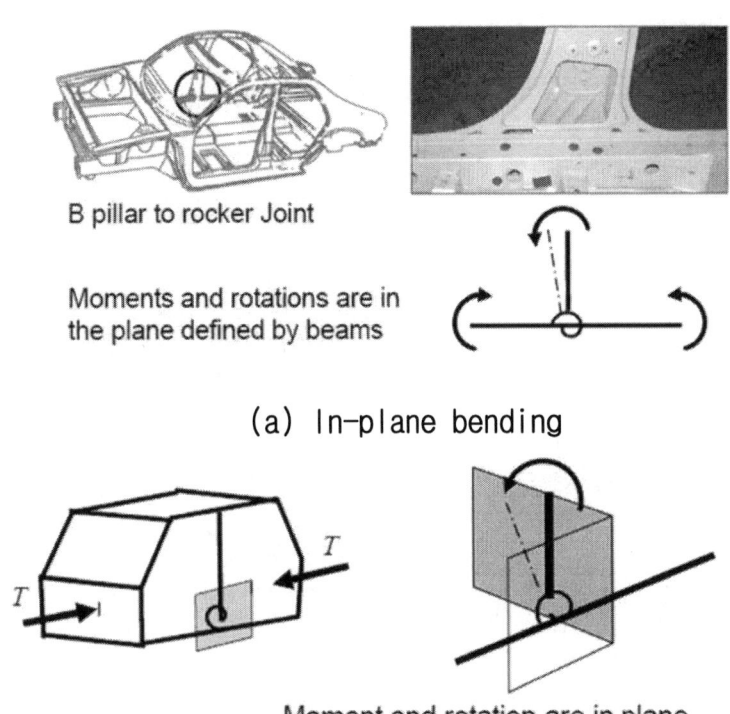

(a) In-plane bending

(b) Out-of-plane bending

그림 <5-6> 연결부 강성 평가 모드

주요 부재 및 연결부에 대한 세부 설계가 확정되면 신뢰성 높은 모델링을 위해 각 부재의 단면 형상 및 접합부(용접부)에 대한 세무 모델링을 쉘요소(Shell element)를 활용하여 모델링을 수행하게 된다.

차량 모델링은 아래 그림 <5-7>과 같이 구분되는데 BIW 를 기반으로 조향계, Moving Part(Door, Hood, Trunk lid), Seat, Crash Pad 등을 포함한 Trimmed Body 모델을 구성하고, Suspension 및 엔진 및 변속기 등의 파워트레인을 추가로 구성하여 Full Vehicle 모델을 구성하여 단계별로 해석을 진행하게 된다. BIW 단계에서는 일반적으로 굽힘/비틀림 정강성, 고유 모드, 전달함수 특성 등을 분석하고, Trimmed Body 에서는 주행시 발생하는 운행 조건에 대한 강도 및 내구성 해석을 수행하며, Full vehicle 단계에서는 충돌 특성, 강도 및 내구 특성에 대한 해석을 수행하게 된다.

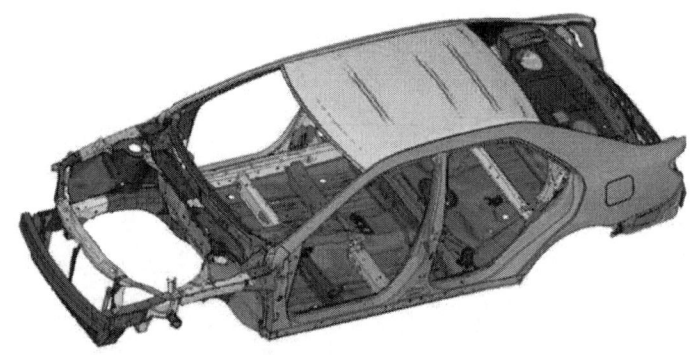

(a) BIW (Body-In-White)

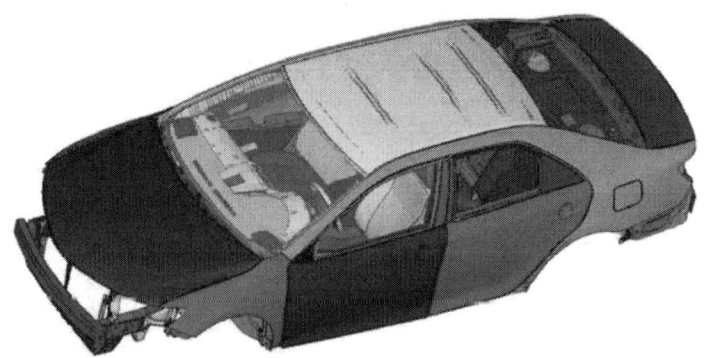

(b) Trimmed body

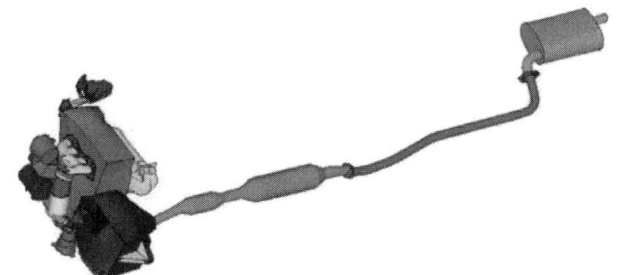

(c) Engine/Exaust System

(d) Suspension

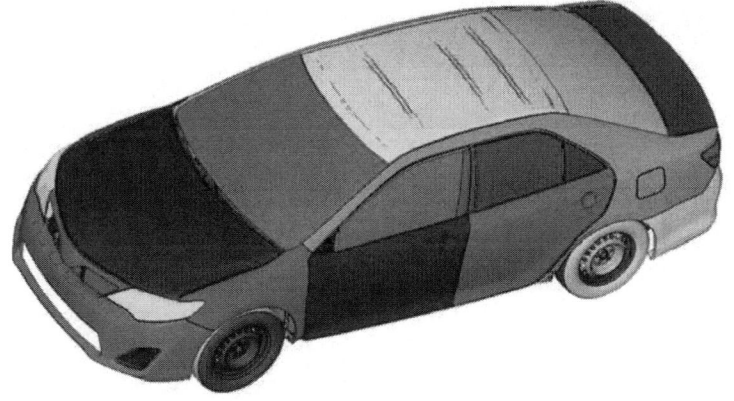

(e) Full vehicle

그림 <5-7> 차량 유한요소 모델

5.3 차체 해석

실제 차량에서 파워트레인에서 발생하는 가진력은 파워트레인 마운트를 거치면서 절연이 되고, 노면에서 전달되는 하중은 Suspension 과 부시(Bush)를 거치면서 절연이 된다. 그러나 현실적으로 완벽한 절연은 불가능하며, 이상적인 절연은 기본적인 강성과 상반되는 경우가 많다. 따라서 부시의 절연에 의한 효과를 고려하지 않는 평가를 수행하여야 한다. 따라서, 차체의 구조와 관련된 해석은 절연되지 않은 하중에 대한 해석을 수행하여야 하므로 BIW 또는 Trimmed body 를 기반으로 해석을 수행하게 된다.

가. 글로벌 강성(Global Stiffness)

글로벌 강성(Global Stiffness)은 일반적으로 주행시 발생할 수 있는 진동 및 승차감에 영향을 주는 요소로 정강성 및 동강성 해석을 수행하게 된다. 진동/소음과 관련한 강성은 동강성으로 저차 주파수에서 발생하는 Idle 진동과 Body shake, 저차 Booming noise 에 의한 영향을 판단하기 위해 해석을 수행한다. 해석 조건은 일반적으로 고유모드 및 공진 주파수를 판단하여 평가하게 된다. 일반적인 동강성 해석은 BIW 에서 앞유리(Windshield) 및 뒷유리(rear glass)를 적용하지 않는 경우 및 적용하는 경우에 대하여 해석을 수행하게 된다.

그림 <5-8>은 BIW 에 대한 글로벌 강성 해석 결과를 보여주고 있다. 그림에서 볼 수 있듯이 개구부(앞유리, 뒷유리 및 측면 도어 체결부 등의 폐면 중 열린 부분)의 강성이 낮아 해당부의 변형이 크게 발생하게 되는 고유 모드 형상이 나타나게 된다.

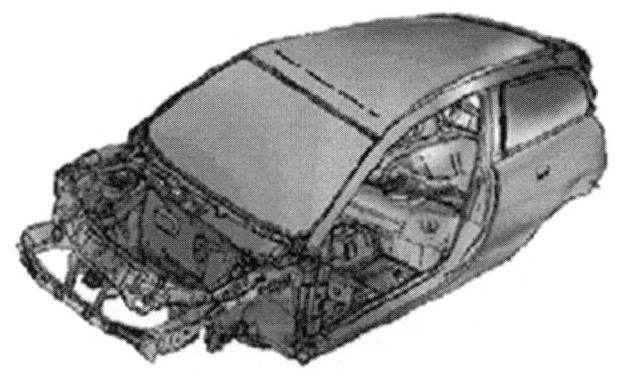

(a) 비틀림 모드

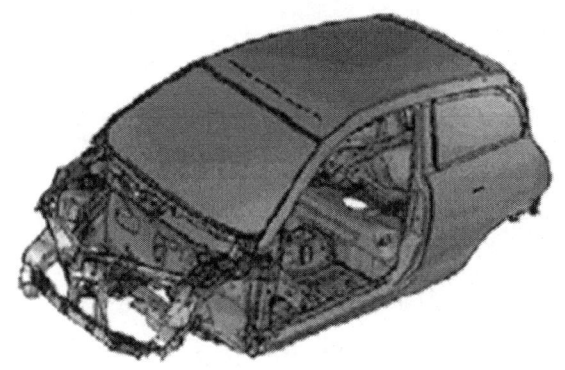

(b) 횡굽힘 모드

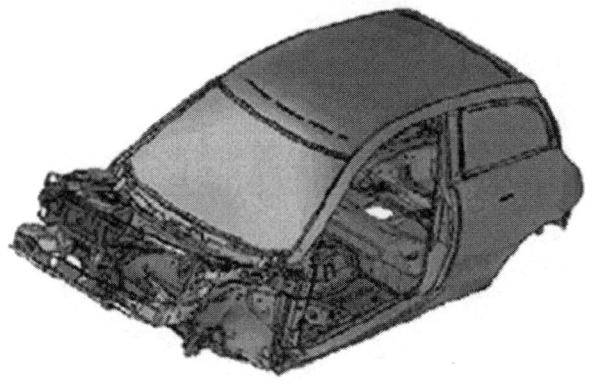

(c) 종굽힘 모드

그림 <5-8> 글로벌 동강성 해석의 예

그림에서 볼 수 있듯이 일반적으로 비틀림 모드는 차체의 정면을 기준으로 길이방향으로 비틀어진 형상으로 나타나며, 횡굽힘 모드는 엔진룸 공간이 좌우 방향으로 굽어지는 형상으로 나타나게 된다. 또한, 종굽힘 모드는 차체의 측면에서 볼 때 길이 방향의 수직한 방향으로 굽어지는 형상을 나타내게 된다. 특히 비틀림 강성은 조향시 Steering 의 응답 지연과 관계되어 나타나게 되며, 굽힘 강성은 Idle 진동과 Body shake 및 저차 Booming Noise 와 승차감에 영향을 주는 것으로 알려져 있다.

또한, 개구부 및 차체 마운팅부의 영향에 따라 고유진동수가 달라지는데 일반적으로 Full vehicle 에 대비하여 BIW 인 경우에 상대적으로 높은 강성이 나타나, BIW 단계에서 검토 후 상관관계를 분석하여 부시 및 마운팅부의 강성을 설계하는데 활용하고 있다. 그림 <5-9>는 주요 차량에 대한 BIW 단계에서와 Full vehicle 단계에서의 주요 고유 진동수의 분포를 보여주고 있다.

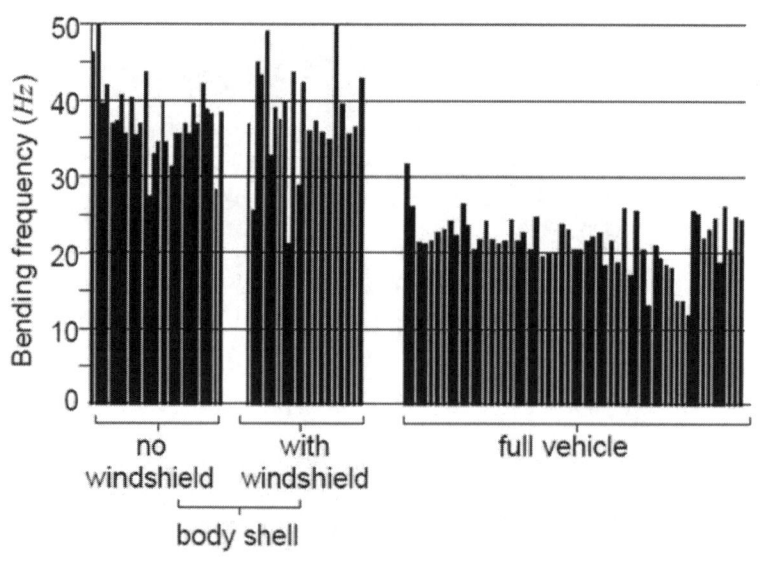

그림 <5-9> BIW vs. Full vehicle 고유진동수 비교

나. 마운팅부 국부 강성(Mt'g Local Stiffness)

　엔진과 변속기 및 서스펜션의 마운팅부는 부시와 차체 측 마운팅부 간 직렬 스프링으로 가정하여 해석을 수행하게 된다. 그림 <5-10>은 서스펜션 마운팅부에 대한 스프링 모델에 대한 특성 및 차체와 서스펜션 강성 비율에 대한 예를 보여주고 있다.

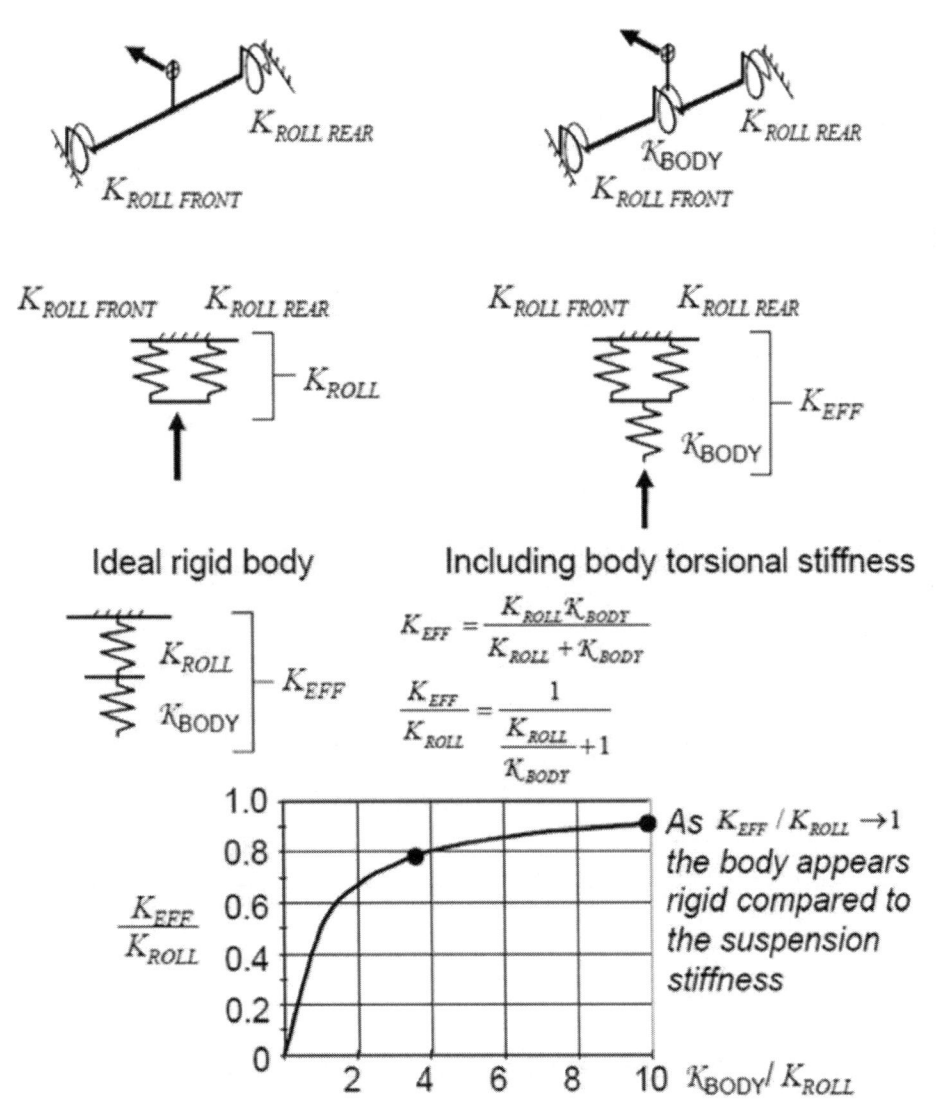

그림 <5-10> Body & Suspension Spring model 의 예

이러한 특성에 따라 부시 강성이 일정한 상태에서도 차체 측 강성에 의해 강성 및 감쇠 특성이 변하게 된다. 이러한 이유는 서스펜션이나 파워트레인으로부터 발생한 에너지는 차체로 전달되는 과정에서 부시와 마운팅부의 변형 에너지로 흡수되게 된다. 이 때 부시가 흡수하는 변형에너지의 크기는 차체 마운팅부와 상대적 강성의 차이에 의해 좌우 되므로 상대적 강성이 약할수록 많은 변형에너지를 흡수하게 된다. 이에 따라 적정한 강성의 평가를 위해서는 차체와 마운팅 부의 부시 강성을 상대적으로 비교하여 평가를 수행하게 된다. 부시 강성 대비 차체 강성의 비율에 따른 강성 및 감쇠 변화의 그래프는 그림 <5-11>에 나타나 있다.

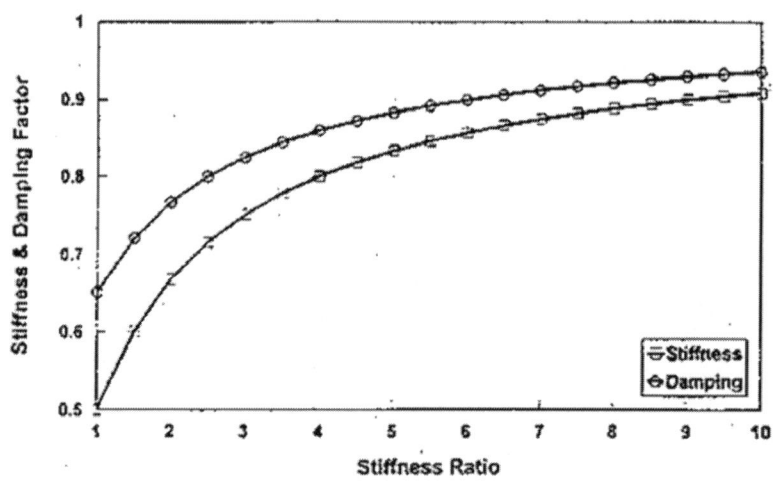

그림 <5-11> Stiffness & damping factors vs. body/bushing stiffness ratio

일반적으로 마운팅부 국부 강성은 모빌리티(Mobility : 단위 하중당 속도 [ms^{-1}/ N])와 이너턴스(Inertance : 단위 하중당 가속도 [[ms^{-2}/ N])의 항목에 대하여 해석을 수행한다. 해석은 그림 <5-12>

와 같이 가진이 부여되는 부분에 단위하중을 주파수에 따라 부여한 후 응답점에 대한 모빌리티와 이너턴스를 확인하게 된다. 각각의 하중은 방향(X,Y,Z)에 따라 별도로 부여하기도 하며 특정 방향에 대한 하중을 부여하기도 한다.

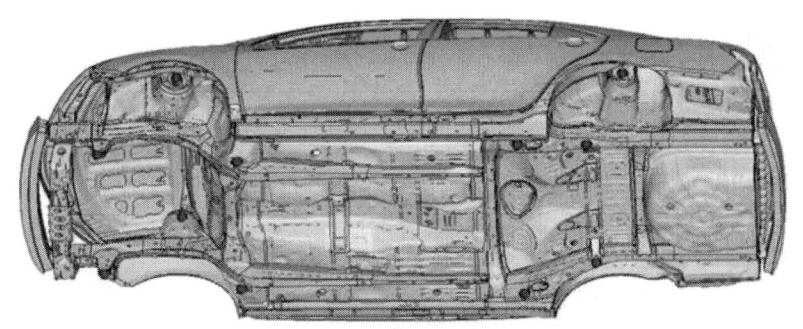

그림 <5-12> 주요 가진력 적용부

모빌리티 평가는 마운팅부 하중에 대한 속도의 특성을 판단하고자 하는 것으로 주파수와 관계 없이 일정한 수준을 목표로 정의하고 목표 성능을 확인하는 지표로 활용된다. 이렇게 일정 값을 통해 관리 하게 되는 경우 차량 상태에서 부시 감쇠를 90% 이상 얻기 위해 사용되며, 일반적으로 부시 강성의 5~10 배 정도 수준의 일정 강성값을 선정하여 평가를 수행하게 된다. 또한, 이너턴스의 경우 주파수 대역에 따른 해석 결과를 그림 <5-13>과 같이 도시한 후 경쟁 차량 또는 이전 개발 차량과 비교하여 검토를 수행한 수 주요 마운팅부에 대한 성능 검증에 활용하게 된다. 일반적으로 저주파 영역에서는 글로벌 강성이 주요하게 작용하나 고주파 영역에서는 국부 강성이 주요하게 작용하게 되므로 이에 대한 복합적인 평가를 통해 차량의 성능을 개선하는데 활용된다.

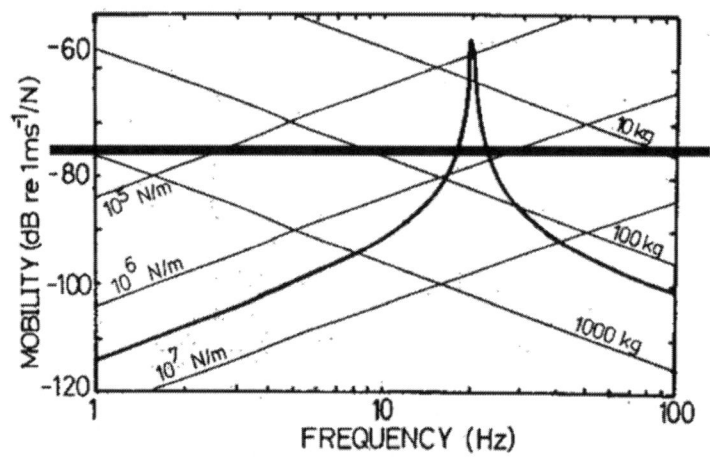

(a) 모빌리티(Mobility)

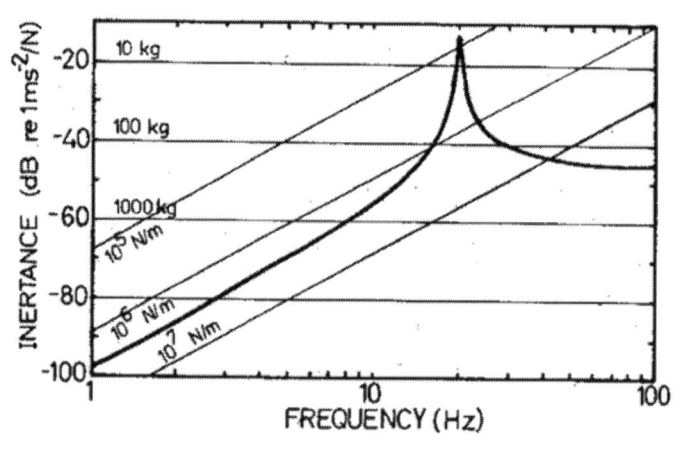

(b) 이너턴스(Inertance)

그림 <5-13> Point Mobility and Inertance

다. 음향 감도 해석(Acoustic Sensitivity)

소음은 공기 기인(Air Borne) 소음과 구조 기인(Structure Borne) 소음으로 크게 나눌 수 있으며, 그 중 Engine, Suspension 등에서 발생한 진동이 차체 구조로 전달되어 비교적 저주파 영역인 150 Hz

이하에서 발생하는 구조 기인 소음이 주 관심 대상이 된다. 구조 기인 소음의 전달 경로는 차체 Panel 의 진동에 의해 공기가 가진 되어 발생한 파동이 운전자 또는 승객의 귀에 전파되어 소음으로 느껴지게 한다. 또한, 차체 변형에 의해 실내 공간의 변화가 발생 하게 되면 압력이 발생하게 되는데 이것이 소음으로 느껴지게 된다. 이 두 가지 경우 모두 차실 내 공기 자체의 모드에 의해 위치에 따른 음압의 차이가 발생하며 차체의 진동 모드와 연관되어 증폭이 발생할 수 있게 된다. 이러한 현상을 해석 하기 위해서는 소음의 전달 매체인 차실 내의 공기에 의한 음장(Cavity)가 모델링 되어야 하며, 음장의 표면과 차체 패널 진동간의 연결된 해석을 수행하게 된다. 이러한 음장 해석은 그림<5-14>와 같이 나타나 있다.

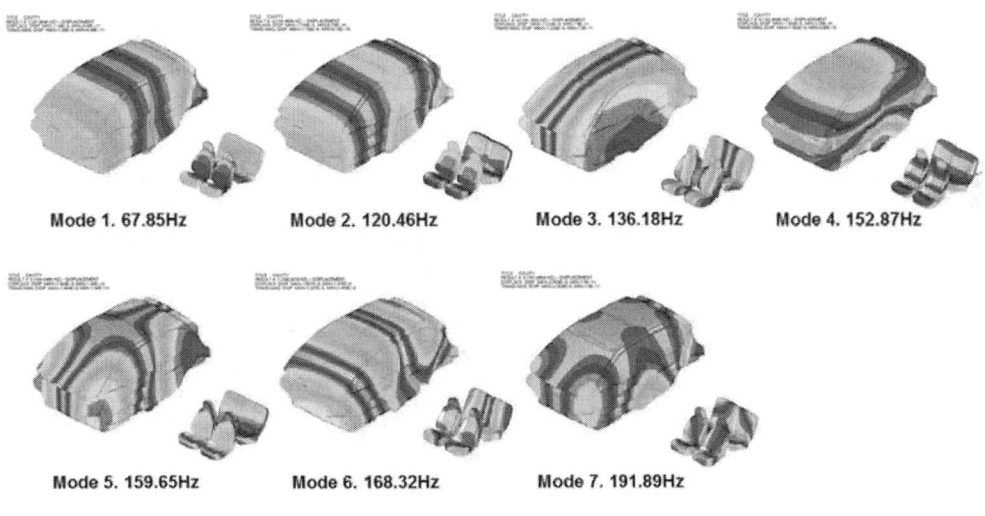

그림 <5-14> 음장 해석의 예

소음의 크기는 가진력 및 부시의 절연 정도에 따라서도 달라지며, 파워트레인 및 노면을 통해 입력되는 크기 및 위상차에 대한 분석이 어려워 부시를 통과한 이후 단위 가진력에 대한 승객의 압향 감도를 평가하는 해석을 수행하게 된다. 해석은 주로 가진점에 대한 하중을 부여한 후 연성해석을 통해 음장내에서의 주파수 및 음압을 통해 평가하게 된다.

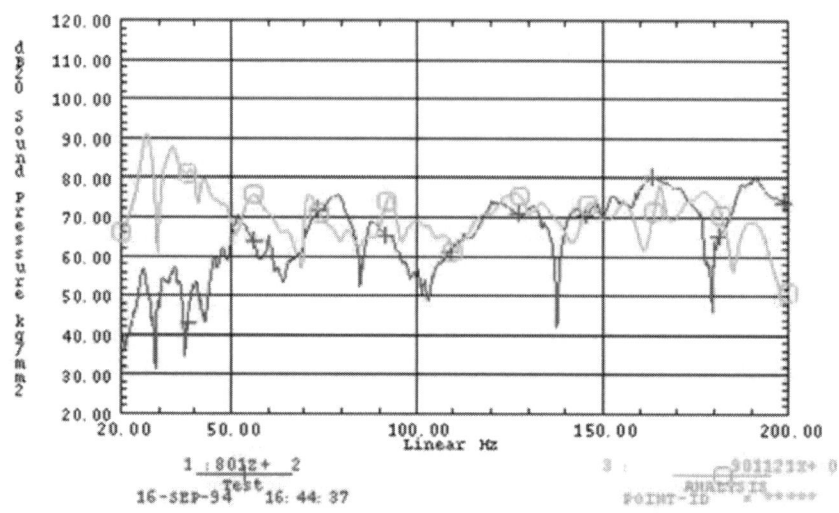

그림 <5-15> 음압 감도 해석 결과

5.4 섀시 시스템 해석

섀시 시스템은 동력전달장치, 조향장치, 제동장치, 주행장치, 현가장치 등으로 구성되어 있으며, 대부분의 구조기인 하중에 의한 소음/진동원으로 작용한다. 노면 특성에 따라 결정되는 진동은 피칭, 롤링, 바운싱 등의 형태로 나타나며, 진동수는 1~15 Hz 의 범위에서 발생한다. 주된 진동원으로는 노면의 요철, 타이어 불균형, 휠 편심 등에 의해 나타나며, 공진계는 엔진의 강체 진동, 전륜 스프링, 스프링 하부 질량 공진 등에 의해 나타나게 된다. 또한 브레이크에 대한 소음/진동은 일반적으로 Judder, Squeal 로 구분되며, Judder 는 제동시 차체 및 조향계에서 5~30 Hz 정도의 저주파 형태로 나타나며 일반적으로 디스크의 DTV(Disc Thickness Variation)

의 차이, 드럼의 편심 등으로 나타나며, Squeal 1 ~ 15 kHz 사이의 소음 형태로 나타나며 이는 제동계의 특성에 따라 나타나게 되는 소음이다. 또한, 엔진 크랭킹 및 아이들링 진동은 3 ~ 15 Hz 사이에서 파워트레인에 의해 발생하는 진동이다.

일반적으로 샤시 시스템은 고유 진동 해석과 전달 함수에 대한 해석을 수행하게 된다. 전달 함수 해석은 그림 <5-16>과 같이 입력 하중에 대한 전달 특성을 분석하게 되는데, 해석 방법은 Point 이너턴스 해석과 같이 주요 가진점에 단위 하중을 부여한 후 전달 경로에 대한 응답 특성을 분석하게 된다.

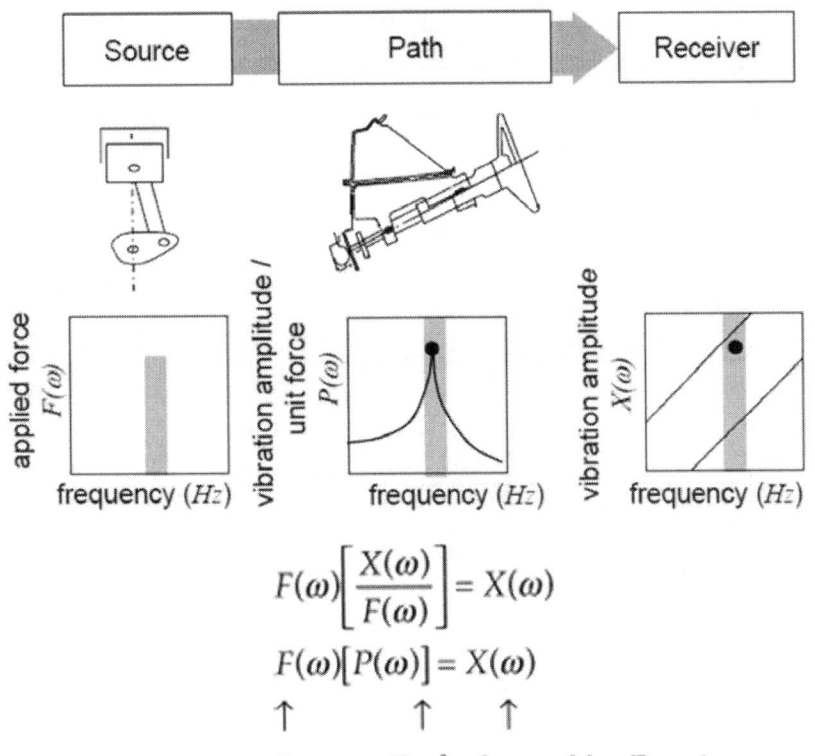

그림 <5-16> 조향계 전달함수 모델의 예

가. 단품 고유 진동 해석

일반적인 섀시 시스템은 각 구성 단위별로 고유 진동해석을 통해 차체 글로벌 강성 및 국부 강성 해석 결과와 상호 분석하여 평가하게 된다. 일반적으로 해석은 너클, 서브프레임, 각종 암류, 파워트레인의 부품 단위 고유진동 해석을 통해 각 부품별 목표 성능 및 특성을 분석하고 이에 대한 각 연결부에 대한 전달함수 특성을 비교 평가하여 최적화를 수행하게 된다. 그림 <5-17>은 너클(knuckle)에 대한 고유진동 해석 결과를 보여주고 있다.

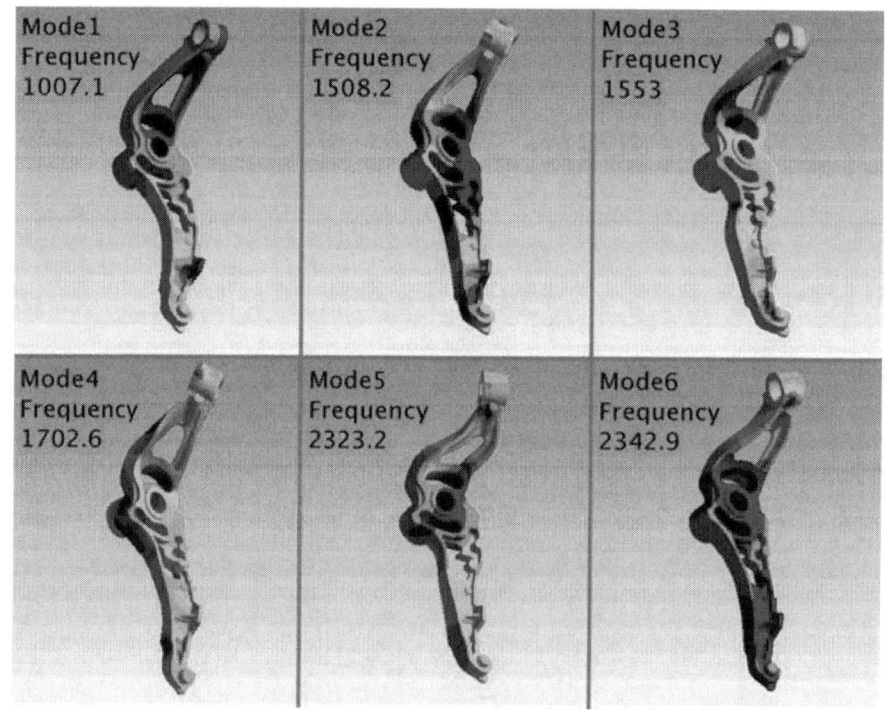

그림 <5-17> 너클 고유진동 해석

나. 전달 함수 해석

전달 함수 해석은 일반적으로 저주파 영역에서 발생되는 진동 전달 특성을 분석하기 위해 수행되는데, 전달 특성을 파악하기 위하여 어셈블리 단위의 해석 모델을 통해 수행하게 된다. 일반적으로 타이어 모델은 트레드를 보(Beam)요소로, 사이드 부분을 스프링-댐퍼 요소로, 비드휠을 집중질량으로 표현하여 모델링을 수행한다. Suspension 모델은 멤버, 암, 스트럿 댐퍼를 빔(beam)요소로, 너클, 브레이크를 집중질량으로 표현하여 구성한 후 세부 모델링을 통해 진동 특성을 평가하게 된다. 이 때 마운팅부 국부 강성 해석과 마찬가지로 각 부시 및 마운팅 특성이 매우 중요하여, 이에 대한 특성을 시험을 통해 측정된 값을 입력하여 해석을 수행한다. 그림 <5-18>은 전달 함수 해석을 위한 유한요소 모델링의 예를 보여주고 있다.

그림 <5-18> 섀시 전달 함수 해석 모델의 예

가진 특성을 평가하기 위한 입력 하중점은 타이어 패치점, 휠센터, 엔진/변속기 마운팅 등에서 부여하고 차체 체결부 등에서 전달 특성을 분석한 후 차체 마운팅 부의 설계 또는 현가장치의 설계 참조 자료로 활용하게 된다.

다. 제동계 해석

제동계는 일반적으로 저더(Judder)와 스퀄(Squeal) 현상에 대한 해석을 수행하게 된다. 저더는 Disc 의 DTV 가 악화되거나 Drum 의 진원도가 나빠지는 경우 진동에 의한 떨림에 의해 발생하는 현상이다. 이를 위한 해석은 Geometric 한 instability 를 평가하거나 열-기계 연성 해석을 통해 발생되는 Disc 의 열팽창에 의해 발생되는 DTV 변화에 따른 instability 를 평가한 해석을 수행하게 된다. 스퀄 해석은 차량 제동시 발생하는 고주파 소음에 대한 해석으로 저더와 마찬가지로 instability 를 평가하는 해석을 수행한다. Instability 해석은 복소수 고유치 해석을 통해 수행되는데, 이는 비감쇠계 운동방정식에서 고유치를 계산하게 되는데, 이는 실수부와 허수부로 구분된다. 허수부는 시스템의 고유진동수를 의미하며 실수부는 시스템의 안정성을 판별하는 기준이 된다. 실수부가 양수이면 불안정 모드를 의미하게 되어 시스템의 동적 불안정성을 평가할 수 있게 된다.

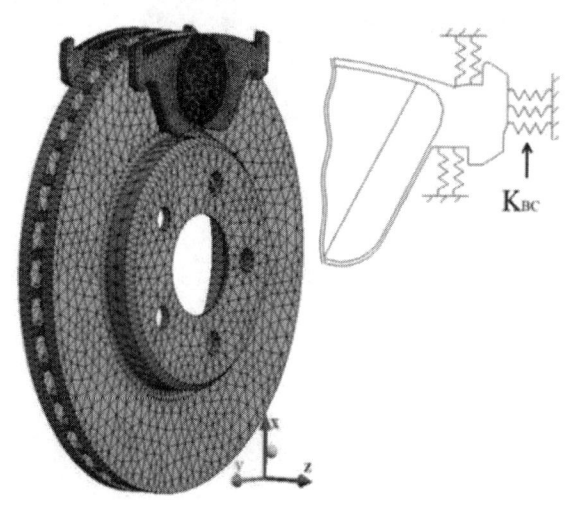

(a) 유한 요소 모델

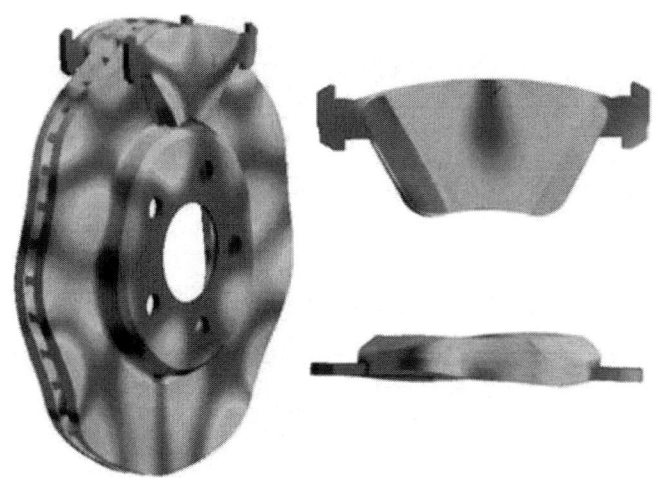

(b) 스퀼 모드 형상

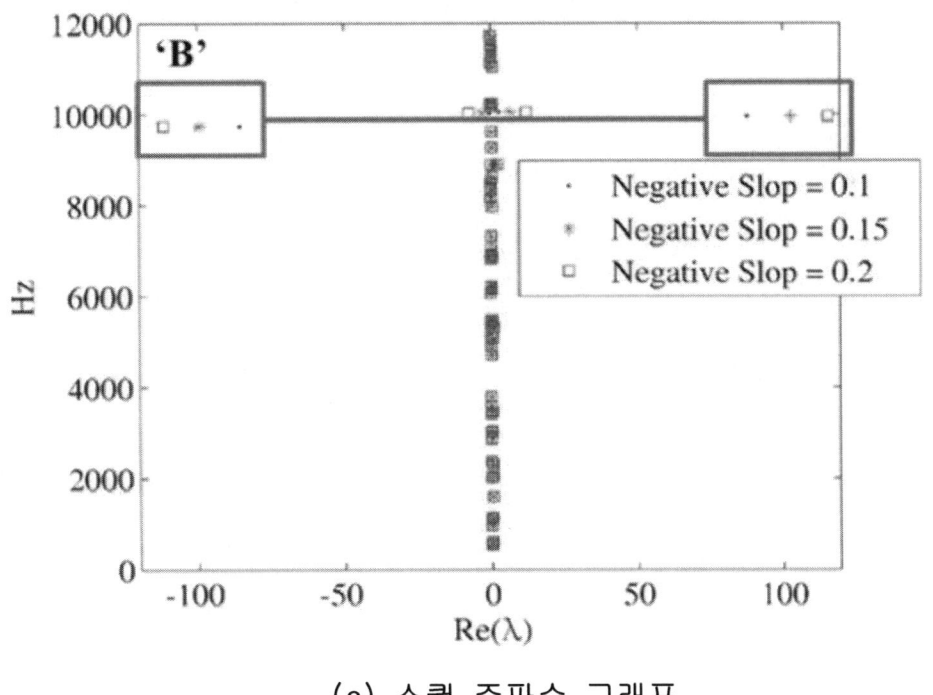

(c) 스퀼 주파수 그래프

그림 <5-19> 스퀼 해석의 예

그림 <5-19>는 스퀼해석의 유한요소 모델링, 모드 형상 및 주파수 그래프를 보여주고 있다. 해석은 패드와 디스크 사이의 마찰 정의 한 후 제동 조건에 대한 압력을 부여한 후 복소 고유치 해석을 수행하게 된다. 복소 고유치 해석 결과 (c)와 같은 그래프가 나타나게 되며 실수부의 값이 0 이 아닌 값을 가지게 될 때 해당 주파수 대역에서 불안정성에 의한 스퀼이 나타나게 된다. 이를 기반으로 접촉 면의 형상, 마찰 계수, 디스크 및 패드의 형상 등을 수정하여 스퀼이 발생하지 않도록 설계를 수정하게 된다.

라. 구동계 해석

구동계는 클러치를 통한 진동 소음, 액슬의 구동력에 의한 진동 소음이 발생하게 된다. 액슬은 엔진의 토크 변동, 타이어에서의 진동 강제력을 받아 굽힘 진동, 비틀림 진동이 여러 형태로 발생되며 현가장치를 통해 차체에 전달되어 부밍, 비트음 등이 유발된다. 독립현가식 현가장치의 경우 엔진과 구동축의 상호위치 관계는 주행 중 항상 변화하기 때문에 그 사이에 있는 구동축에 관련되는 진동 소음에 대해서는 영향이 크게 나타난다. 이를 줄이기 위해서는 입력축과 출력축의 각도의 편차가 없도록 설계하여야 하는데 이는 거의 불가능하다. 따라서 이에 대한 영향을 평가하기 위하여 차량 구동부에 대한 모델링을 수행하고 이에 대한 강제 조화진동 해석을 수행하여 형상 및 응답 특성을 분석하게 된다. 이를 위해 시스템을 그림 <5-20>과 같이 스프링 등가 모델로 구성하고 수학적 모델을 통해 평가를 수행하기도 한다. 또한, 근래에는 컴퓨팅 능력의 향상으로 실제 유한 요소 모델을 구성하여, 연결부에 대한 비선형 특성을 반영하여 해석 평가를 수행하고 있다.

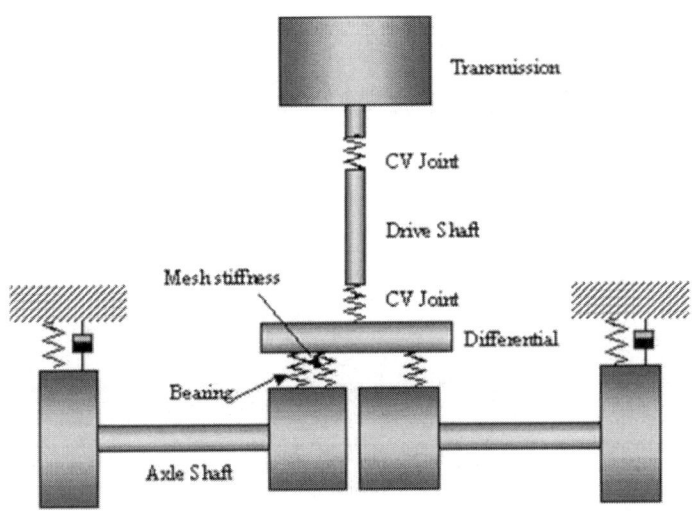

그림 <5-20> 차량 구동 시스템 개략도

그림 <5-21>은 강제 조화 진동에 대한 해석 결과를 보여주고 있으며, 엔진 가진 회전수에 따른 구동계의 진동 특성을 보여주고 있다. 해석의 결과에서 볼 수 있듯이 3,700 RPM 부근에서 가장 큰 진폭을 나타내고 있어 구동축의 강성 개선 또는 베어링의 추가 등을 통해 진동 특성의 개선을 검토하게 된다.

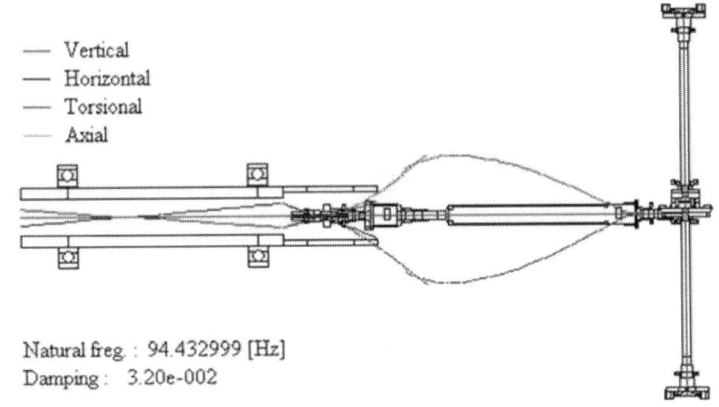

(a) 굽힘 모드 형상

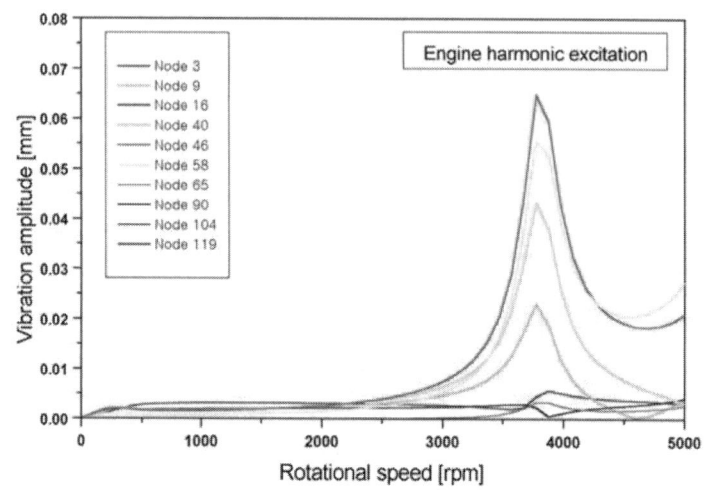

(b) 조화진동 진폭 특성

그림 <5-21> 강제 조화 진동 해석 결과

5.5 파워트레인 해석

파워트레인은 연소압에 의해 나타나는 기구학/동역학적 해석이 수행될 수 있으며, 운동계를 지지하고 있는 실린더 블록, 실린더 헤드 및 변속기 하우징/케이스 등의 정지부품에 작용되는 하중이력을 산출할 수 있다. 이렇게 산출된 하중을 이용하여 강제진동해석 및 방사소음 해석을 수행하여 엔진의 진동소음 수준을 예측할 수 있으며, 문제점 발생 예상 시 개선방안을 산출하게 된다. 파워 트레인에 의한 진동은 엔진의 전 부품에서 진동 소음이 발생할 수 있으며, 운전 조건에 따라 불규칙하고 불특정한 하중과 복잡한 전달 과정을 통해 소음/진동이 전달되는 특징이 있다. 파워트레인의 해석은 운동계(밸브트레인계, 크랭크트레인계, 타이밍 구동계, 변속기 기어계 등)에 대한 기구학적/동역학적 성능을 평가하고, 각 운동시스템의 실운전 조건하의 가진력을 산출하게 된다. 유한요소로 구축된 전체 파워트레인 모델에 가진력을 부여하여 파워트레인 진동 특성을 평가한다. 주요 해석 평가 사항은 파워트레인의 굽힘진동 평가, 커버류(헤드커버, 타이밍 체인/벨트 커버, 엔진 오일팬, 변속기 오일팬) 진동 평가, 국부 진동으로 인한 차실내 특정 이음으로 구분되어지는 보기류(알터네이터, 에어컨, P/S Pump 등) 진동 평가 등을 수행한다. 진동해석으로부터 구해진 파워트레인 표면 진동값들을 이용하여 방사소음해석을 수행한다.

가. 크랭크트레인 비틀림 진동 해석

크랭크축 선단부의 비틀림 진동은 밸브트레인을 구동 시키는 타이밍 구동장치(벨트, 체인)의 내구수명에 악영향을 미치며, 또한 강한 충격하중을 유발하여 여러 전달 경로를 통해 구조기인소음을 유발한다.

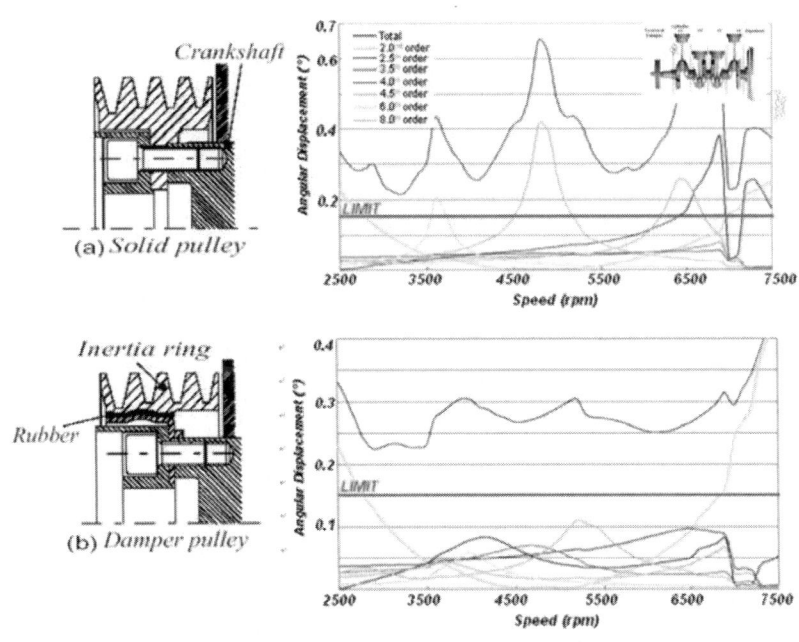

그림 <5-22> 크랭크축 선단부 비틀림 진동 해석 결과

그러므로, 초기설계단계에서부터 크랭크축 비틀림 진동 특성을 예측함으로써 크랭크트레인 내에 비틀림 댐퍼 장착 여부를 결정하며, 장착 시 댐퍼 사양 선정 및 댐퍼 내구 안전도를 하게 된다. 그림 <5-22>는 크랠크축 선단부에 대한 비틀림 진동 해석 결과를 보여주고 있다.

나. 기어 트레인 동특성 해석

기어 트레인의 가장 중요한 역할은 엔진에서 발생되는 토크를 차량의 주행에 적절한 크기로 변환하여 구동축에 전달해 주는 것이다. 이러한 기능은 진동 소음 측면에서 볼 경우, 엔진의 연소 가스 폭발에 의하여 발생하는 여러 가지 가진력 까지도 차량에 전달해 줄 수 밖에 없는 상황을 초래하고, 동력 전달 경로 상에 있는 기어 트레인 자체도 진동 및 소음을 발생시키는 가진원의 역할을 하게 된다. 따라서, 기어 트레인의 진동 소음 문제는 크게 진동 절연과 가진력 최소화 문제로 수행되게 된다. 이러한 목표 성능을 만족시키기 위해 집중 질량법(Lumped mass)을 이용한 간략한 모델링을 하거나 유연성을 고려하고 정확한 해석을 수행하기 위해 유한요소 모델을 구성하여 고유 진동수 해석, 주파수 응답 특성 해석 등을 수행한다. 또한, 강제 진동 해석을 수행하게 되는데, 이에 대한 가진력은은 비선형성이 매우 강하여 유한요소법을 이용한 해석이 어려워 비선형 강체 해석을 수행하여 각 모델에 대한 과도 특성 해석을 수행하게 된다.

다. 파워 트레인 Global 동강성 해석

연소 및 기계적 운동에 의한 다양한 가진력은 운동부품을 지지하고 있는 실린더 블록, 실린더 헤드, 변속기 하우징 등의 탄성 진동을 유발하는데, 전체 파워트레인 및 보기류의 동강성이 부족하여 엔진 최고회전속도의 주가진력 범위 내에 탄성 진동이 발생하게 되는 경우 엔진의 진동이 파워트레인 공진에 의해 증폭되게 된다. 이러한 진동이 엔진 마운팅 시스템을 통해서 차체를 통해 실내로 유입되는 경우 나쁜 소음 특성을 가지게 된다. 이에 따라, 엔진 설계 파워트레인, 보기류 및 커버류의 동강성 확보가 필요하다. 동강성 해석은 고유진동수 해석을 통해 고유 주파수 및 모드 형상을 분석하여 목표성능에 만족하는 구조 설계를 수행하게 된다.

라. 파워 트레인 강제 진동 해석

강제 진동 해석은 실운전 조건의 하중을 전체 파워트레인에 가진하여 진동 특성을 예측하고 주요 진동원 및 진동 전달 경로를 분석을 수행하는 해석이다. 강제 진동 해석의 주요 결과는 차실 구조기인소음의 주요 전달경로인 마운트 브라켓에서의 진동량과 공기 전파음의 주요 소음원인 파워트레인 표면에서의 진동량을 산출하게 된다. 이에 대한 충분한 검토를 통해 전체차량 측면에서 소음원 역할을 하는 파워트레인의 진동소음을 조기에 예측하여 저감 방안을 산출하게 된다. 그림 <5-23>은 강제 진동 해석의 결과를 보여주고 있다.

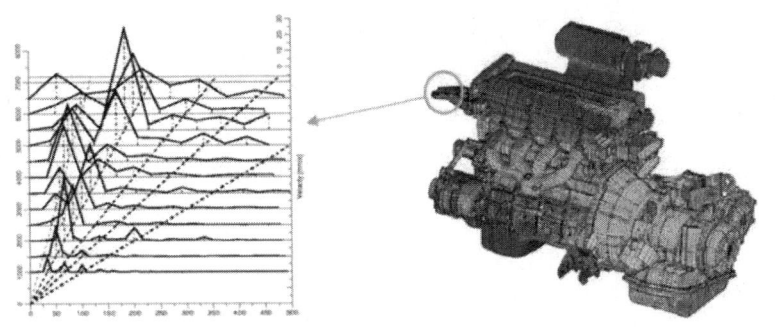

그림 <5-23> 강제 진동 해석 결과

마. 파워 트레인 방사 소음 해석

강제 진동 해석에서 예측된 파워트레인 구조 표면의 진동데이터를 이용하여 방사소음 해석을 수행함으로써, 초기 설계 단계에서 파워트레인의 방사소음 수준 예측할 수 있으며, 또한 소음 발생 부위 파악 및 구성 부품의 방사소음 기여도 평가를 통해 효율적인 소음 저감 방안을 산출하게 된다. 해석 방법은 강제진동 해석에서 산출된 각 엔진 회전속도별 표면 진동 데이터를 경계요소(Boundary Element)로 상사 하여 방사소음에 대한 해석을 수행하게 된다. 파워트레인의 각 방향에 대한 주파수영역에 대한 음압 수준을 평가하여 소음 발생 위치를 파악한 후 개선 방안을 적용하여 소음 저감 효과에 대한 검토를 수행하게 된다. 그림 <5-24>는 방사 소음 해석 결과를 보여주고 있다.

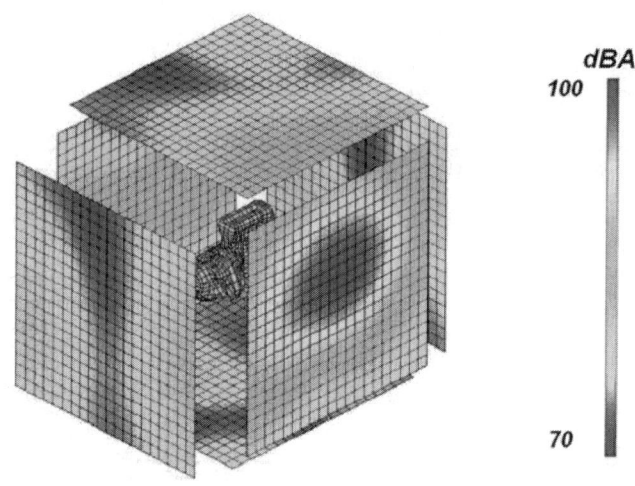

그림 <5-24> 방사 소음 해석 결과